U0229618

现代社交着装必读

赵雅平　编著

金盾出版社

这是一本专门介绍现代社交着装知识的大众科普读物。书中根据社交礼仪对着装的一般要求，详尽讲述了现代社交着装的基本原则和不同社交场合对穿着打扮的不同要求，以及相关的服饰穿戴常识。本书内容丰富，时尚新颖，集知识性、实用性于一体，适合社会各界人士特别是广大年轻人和爱美人士学习参考。

图书在版编目(CIP)数据

现代社交着装必读/赵雅平编著. —北京：金盾出版社，2009.3
ISBN 978-7-5082-5524-8

Ⅰ. 现…　Ⅱ. 赵…　Ⅲ. 人际交往—服饰美学　Ⅳ. TS976.4

中国版本图书馆 CIP 数据核字(2009)第 013710 号

金盾出版社出版、总发行

北京太平路 5 号(地铁万寿路站往南)
邮政编码：100036　电话：68214039　83219215
传真：68276683　网址：www.jdcbs.cn
封面印刷：北京百花彩印有限公司
正文印刷：京南印刷厂
装订：桃园装订有限公司
各地新华书店经销
开本：850×1168 1/32　印张：6.5　字数：156 千字
2009 年 3 月第 1 版第 1 次印刷
印数：1～10 000 册　定价：15.00 元

前　言

俗话说:“人靠衣装马靠鞍”。意思就是,一个人的着装与外表,对于这个人给外界留下的第一印象来说,至关重要。人们可以通过一个人的穿着打扮,大致看出这个人的性格、作风与爱好,看出文化素养与品位,甚至可以判断出他(她)的社会地位与职业。据心理学家研究,一个人的内在意识和个性,往往会自觉不自觉地通过其外表肢体动作和所着衣装而显露出来。因此,我们可以运用衣着,把自己想要传达给外界的个人作风与爱好展示出来;反过来,也可将自己不愿让外人知道的某些不足与缺陷,巧妙地利用着装掩饰起来。可见,一件衣服,挂在商店的橱窗里,充其量只是一种没有生命的美丽商品,而一旦穿在人身上,则马上成为人与外界沟通的重要纽带。这就是着装在社交中的奇妙而又重要的作用。

随着社会的不断发展进步和广大群众物质文化生活水平的普遍提高,服装早已不仅仅是具有遮羞、保暖功效的一般生活用品,而是日益成为人们展示个人风采、塑造自身形象和增强自信心的重要工具和手段。特别是在现代社会,更是如此。事实告诉我们:在当今社会的人际交往中,一身得体、适宜的着装,会使你成为众人注目的焦点,给大家留下美好的印象,尤其是在某些重要场合的穿着,更是关系重大,影响长远。反之,一副糟糕的、不合时宜的打扮,则会令人为之侧目摇头，甚至坏了大事。试想，如果有人随意穿着一身污渍斑斑的衣服去参加朋友的婚礼，众人会投来何种目光，邻座会有何反应？又如，倘若有人穿了一身奇装异服去参加国家公务员的面试，考官会有什么想法，面试会有怎样结果？答案不言而喻。总之，在现代社交中，着装问题不可等闲视之。

那么，在现代社交中，着装的基本原则有哪些，不同的场合对服饰有哪些不同的要求，不同款式的着装有哪些不同的功效和用途，等等，这里面都有很多的学问和讲究。然而，据调查，许多人对此并不十分清楚，只是一知半解，以至常常不知所措，甚至弄巧成拙。为此，我们专门编写了这本《现代社交着装必读》，以帮助大家深入了解社交着装的基本知识和一般原则，正确把握各种不同社交场合的着装要求及注意事项，知道该穿什么不该穿什么，该怎么穿不该怎么穿，从而使自己在任何场合的穿着打扮都能做到得体适宜，美观大方，尽显个人风采，赢得众人注目，为事业和友谊增光添彩。如果本书在这方面能够对您有所启发和帮助，便是编者最大的欣慰。祝您穿出美丽、自信与成功！

本书在编写过程中，得到了彭东光、栗仁、黄灵、袁睿风、赵悦、卢琼楠、韩冰冰、黄志平、张彦、杨胜等人的大力协助，在此表示衷心的感谢！

编　者

2009 年 1 月

目录

一、社交着装的一般原则

二、社交着装款式的选择

三、社交着装饰物的佩戴

四、社交着装色彩的搭配

五、不同社交场合的着装

六、不同职场定位的着装

七、服装及饰物的保养

一、社交着装的一般原则

多数人的着装早已超越了保暖的低标准功能要求，而把追求的目标放在更高的审美层次上。就大多数人而言，为了实现这些追求而把目光紧紧盯在时装的潮流上。喜欢追逐时尚本无可厚非，但盲目地追求却并非是件好事，往往容易出错。

因为流行的东西并不适合每个人，各人的身材、脸型、肤色、年龄等不同，所适合的服饰亦不同。若一味地跟随流行的脚步，而不考虑自身的状况，盲目地将流行的服饰穿戴在身上，这就会给人留下庸俗的印象，而自身的优点反而会被掩盖。所以，要了解自身，提高修养，穿着打扮尽在尺度分寸中，保持穿着中的自我。

着装要因时因地而变化

关于社交场合的着装，国际上有一条公认的原则，即所谓的 TPO 原则，也有人称它为“魔力原则”，是指着装要考虑时间（Time）、地点（Place）和场合（Occasion）三个因素，要随着这些因素的变化而有所不同，使自己的形象与周围的环境、气氛相协调，达到整体美与和谐美。

TPO 着装原则盛行于欧美、日本等发达国家，这些国家的人们每天都随着时间和环境的变化更换着自己的服饰。随后，这一原则也被我国民众所采纳。

遵循时间的变化而选择不同的着装是 TPO 原则的首要要求。在不同的时间，人们的着装应有变化，如清晨起来要早锻炼、买早点，衣着很随便，到了工作时间，就穿起了各式的工作服或礼服；春、夏、秋、冬四季都要穿着不同的服装。

遵循地点的变化就是指人们若处在不同的地域环境就要穿戴与之相协调的服饰，也就是说要入乡随俗。如在夏日的海滩上，在绿草丛生的浓荫下，在幽雅清闲的酒吧里，在热闹欢乐的游乐场里，人们的服饰就如同演员进入角色一样进行变换。

场合是指服饰的穿着要与所处场合的气氛相和谐。一般来说，应事先有针对性地了解活动的内容和参加人员的情况，挑选穿着合乎场合气氛的服饰，使自己的服饰与场合气氛相融洽。如在正式、严肃的社交场合，人们的着装应庄重、大方。在闲暇度假的时候，则不要穿得太正规，可穿上明快、整洁的便

装，要是西装革履的，反而与环境不协调。又如电视主持人穿上袒胸露背的晚礼服主持文艺节目是很正常的，但在英雄事迹报告会上若穿上一件晚礼服，这就与庄重的场合不大协调。

有这样一个笑话：一名外国留学生对中国的服装很感兴趣，便到商店买了一件寿衣，以为它是中国古代的服装，穿上它骑着自行车在校园内转完了又跑到外面转。所有见到他的中国人都用一种非常惊讶的眼光看着他，他因此非常得意，觉得自己的服装倍受别人关注，没有白费心思。直到他得知那是死人穿的衣服时，他才读懂了人们诧异的目光，并为自己的行为感到尴尬。

从上面这个故事中，我们可以认识到，在日常生活中，懂得应场合穿衣尤为重要。

搭配锦囊

日常生活中，人们在坚持 TPO 着装原则的前提下，还要注意以下几个方面：

◇ 要注意服装色彩的搭配。上衣和裤子（裙子）、内衣和外衣的色彩要相互协调。从领口看，由外向内的颜色要逐渐明快，这种组合、搭配更能显示出男性的庄重与精明干练。

◇ 黑、白、灰三种颜色最容易与其他色彩配搭并取得良好的效果，是所有色彩中最安全的颜色。一般情况下，全身上下不要超过三种颜色。如颜色过多，会使人感到太俗气；但如果全身只有一个颜色，看上去又过于单调，在这种情况下，男士可选择适当色彩的衬衣和领带进行调整，女士可选择色彩适合的丝巾或胸针进行点缀。

◇ 女性在正式场合一般要穿套装，建议最好穿套裙。裙子的长度不要受时装潮流的影响而过短，套装的花色不要过分花哨，款式不要过于夸张。

◇ 不要盲目跟随流行走，要根据自己的经济条件和个人的爱好，选择适合自己的服装，要穿出自己的个性。如果满街流行的都是同一种模式，美丽就开始走向了艳俗、单调和乏味。这种复制和潮流的美，往往掩盖了自己独特的个性美。

◇服装穿着要以洁为美，如果不整洁，再好的服装，也起不到美化仪表的作用，尤其要注意外衣、裤子的平整和衬衫领子、袖口的洁净无污垢。

穿出美丽从了解自身开始

绝大多数人站在镜子前审视自己时，通常会感叹自己的不完美之处。例如，与身体的其他部分相比，臀部显得偏大；或者肩膀太宽，与整个体形不太协调；或者胸部太平，没有曲线之美；或者肤色暗黄，不光彩照人……众多的缺陷使人的心情沮丧，丧失自信心。其实，这没有必要，要知道，每个人都或多或少地存在缺陷，而关键在于如何有效地将缺陷掩盖，使自己显得更完美。

要想使自身的缺陷有效地掩藏起来，我们就要了解自己的优缺点，找出自我的整体穿衣特色，然后通过适宜的着装来遮蔽缺点，展现自身的长处与魅力。最有魅力的人不在于脸蛋长得是否漂亮，而是在于真正能够了解自己，学习并运用智慧来穿着打扮。

如果你的臀部不够丰韵，就应选择丰满的款式——例如百褶裙。也可以在衣服的后面加衬层以增加丰满的感觉，或者采用蝴蝶结等细节装饰。避免直筒裙类型的所有款式。如

果你的腿比较短，应穿高跟鞋和高腰样式的衣服以创造较长的腿形。一定要避免穿翻边的裤子和长裙，而选择底边刚好位于或者略微高于膝盖的裙子比较妥当。如果你的腿太长，请放弃高腰的样式，但是翻边的裤子非常不错。你也可以考虑束腰外衣和直筒样式。如果你的腰比较粗，则切忌使用与衣服同样质地或者类似颜色的细腰带来强化这一点。选择公主腰、高腰或者直筒样式比较好。加衬的衣服会创造一个“无腰”的外观，从而掩饰腰的宽度。然而，如果你的腰比较长，那么请选择宽腰带或者腰边较高的裙子和裤子。如果你的肩膀很宽，应避免船形领口的样式和肩饰。垂肩和窄肩的人则会从衬肩和V形领式样上得益不少。

树立正确的穿衣打扮观念是找出自我整体特色的关键。在生活中，一些人虽然对于自身的缺陷很苦恼，但不采取积极的方法去解决，因为一些错误的观念驱使他们破罐子破摔。例如，许多人认为打扮是瘦人的专利，胖人无论怎么打扮都不会变得靓丽。其实，无论胖瘦，每个人都可以将自己打扮得漂亮大方，即使身材不够完美，也能因为良好的穿衣技巧，而使自己看起来很得体。要知道，正确的穿衣技巧，能帮助人们掩藏身材的缺陷，提升自我形象，让自己更加优雅迷人。

了解自己，找出自身的穿衣特色，根据自己的年龄、职业、脸型与肤色等来进行调整，从而找出自己的优点。服装是立体的彩色雕塑品，因此在搭配服装时，应从整体出发，考虑整体效果，要知道，正确的着装，应当基于统筹的考虑和精心的搭配。其各个部分不仅要“自成一体”，而且要相互呼应、配合，在整体上尽可能地显得完美、和谐。若是着装的各个部分之间缺乏联系，它哪怕再完美也毫无意义。

着装要坚持整体性，重点是要注意两个方面。

其一，要恪守服装本身约定俗成的搭配。例如，穿西装时，应配皮鞋，而不能穿布鞋、凉鞋、拖鞋、运动鞋等。

其二，要使服装各个部分相互适应，局部服从于整体，力求展现着装的整体之美，全局之美。

总而言之，要穿出美丽，就必须有整体的观念，在了解自身优缺的基础上考虑多种因素。除了自身各种特质外，其他许多影响搭配的因素也都要考虑在内，只有考虑多种因素，才能搭配出完美的造型。

搭配锦囊

如果身材高挑的你想看起来娇小玲珑一些，在穿衣服时，需采取以下诀窍。

应选择：

◇ 用后裤兜、兜盖、裤脚翻边，大翻领、醒目的腰带和水平条纹突出横向。

◇ 色彩对比强烈的上装和下装。

◇ 中等大小甚至非常醒目的服装细节和饰物。

◇平跟鞋。

◇ 买适合高个子的尺码的服装，它的设计更适合你的比例。

◇ 非常合身的服装。过短的袖子或裤子会使你显得很不协调。

应避免：

◇ 有太多垂直线条的服装。

◇ 过短的裤子或袖子（指长袖）。

◇ 太小的饰物、设计细节或花纹。

寻找适合自己的穿衣风格

服饰是一种无形的语言，它可以反映出人的性格与喜好，描述出我们具体的形象。每个人应建立适合自己的穿衣风格，只有适合自己风格的装扮才是最吸引人的。如果不了解个人穿着方向和特色，想以搭配技巧彰显自我风格是相当困难的。身上衣着的颜色、布料、款式、甚至于质感，都会微妙地透露出我们在生活上的定位。

如何才能建立起自己的穿衣风格呢？“风格”一词虽然人们耳熟能详，但若将风格与自己联系在一起，许多人就会产生这样的疑惑“我

的风格是指我的个性或是我的工作作风吗?”或者有人认为“我是个很普通的人,没什么风格”。也许就是因为人们对“风格”一词浅显暧昧的理解和使用,导致人们很少将它与自身的特点及穿着方式相联系。

与此同时,他们也就必定会面临着无数的装扮烦恼:留什么样的发型?穿哪种款式的衣服?配什么类型的包?选什么样式的鞋?为什么今年的流行款式别人穿上明明是好看的,穿在自己身上却这么不顺眼……从这些问题中不难发现,所有的烦恼其实都来自同一根源,那就是:到底什么适合我?而不是我适合什么!要想解决这些问题,就必须要弄清楚自己的风格,因为只有弄清了自己的风格,才有可能继续深入地发现自身服饰与风格之间的密切联系!

建立适合自己的穿衣风格也就是指建立与自己独有的特色与气质相符的风格,适合自己气质、涵养、职业的装扮,是属于个人风格的一部分。建立自我的穿衣风格,穿出衣着的品味,是一门人人都应该学习的功课,而想要在这门功课中获得高分,穿出自我的风格,就要正确地认识自己的身体,建立健康的穿衣态度,在彻底地检视自己的状况之后,才能按照个人优缺点选择最适合自己的服装款式。

确定自己喜欢穿什么是找出穿衣风格的第一步。你喜欢穿什么?这是你首先必须问自己的问题,要找到自己真正向往的衣着风格,这不仅是首要的问题,同时也是最重要的问题。每个人应明确自己到底想要达到什么样的效果,你想让自己看起来像万宝路香烟广告上的那个男子汉,还是更愿意像意大利服装设计大师乔治·阿玛尼所发布的广告中的时装模特儿?到底想要什么样的效果由我们自己决定,也只有自己最清楚,只有穿着自己最喜欢的衣服,那才能够显示出你真正的一面。

在生活中,当我们在大街上行走时,总会有一些陌生的行人引起我们的注意,他们的装扮让我们目光一亮。从那些容易吸引我们眼球的对象中,我们可以确定自己衣着偏好的脉络线索。

穿什么衣服感觉最好是找出穿衣风格的第二步。服饰是一种语汇,穿上哪一件衣服,就代表你心中想传达出来的意义。衣服的款式不同，个人的感觉亦不同，什么样的衣服感觉最好由我们自己决定。在生活中，不少人有过这样的体验，从事户外活动时，身上穿着漂亮的短裙或套装，结果拘束得完全轻松不起来；参加好友的结婚典礼，脚上穿着华美昂贵但与脚型不合的名牌高跟鞋，结果双脚疼痛不已，且还必须强颜欢笑。这些体验说明，漂亮的服装不一定适合自己，而自己感觉好的服装才是真正适合自己的。

总之，要发掘出自己的着装风格，首先要从了解自己外型的轮廓特征和体型特征开始，还要了解自己的面部、身材、神态及性格等与生俱来的元素以及它所形成的特有气质、氛围给人带来的、最有冲击力的视觉印象，以此找到自己的风格类别和归属。只有真正寻找到你适合的那种装扮风格，才可能真正打造出你光彩照人的个性风格。

搭配锦囊

身材较胖的你若想让自己看上去苗条一点，适宜的着装可以帮你创造出苗条的假像，减少肥胖带来的糟糕视觉效果。下面告诉你一些特别的小技巧，可以使你看上去苗条、修长。

应选择：

◇ 用垂直线来显高显瘦。

◇ 从头到脚同一颜色，包括鞋袜。

◇ 中间色或深色，脸部附近用鲜艳显眼的颜色来将注意力从身体上引开。

◇ 突出肩部的线条以使其同较胖的下半身相协调。

◇ 锥形的筒裙和筒裤也能显瘦。

◇ 选择柔弱、有垂感的织物做成的长裙。

◇ 用腰带来突出较细的腰部。

◇ 长领巾或较长的首饰（如长项链），可以构成垂直线条，从而显得苗条。

应避免：

◇ 软沓沓、无形状的衣服。

◇ 不是为突出某一部位的大图案和艳丽的颜色。
◇ 有褶子的裙子。
◇ 双排扣外衣。

着装应与年龄相符

着装应与年龄相符，年龄段不同，所穿服装的款式、颜色、风格亦不同。

20岁左右的少女，正是展示青春魅力的时候，在一般的社交场合，可以穿瘦腿长裤、厚底鞋、短裙等；而在正式场合或在办公室里，则应注意穿着的高雅、大方，让人感觉你比较成熟、可信。

30岁左右的女性开始展示比较成熟的女性魅力，不宜穿孩子气的花裙、超短迷你裙和没有收腰的连衣裙。

40岁左右的女性开始步入中年，对服装的要求不仅仅是新颖时髦，更多的是服装的质感和品味。在服装选择上，应着重追求雅致、大方和舒适，体现出庄重成熟的美。服装的色彩不宜过于花哨，款式不宜太复杂。线条简单明朗的套装、长上衣、直筒裙等比较理想。不宜穿过薄、过露、过短、过窄的衣裙。所佩戴首饰的档次不要过低，也不要过多、过乱。

老年人的服装颜色不宜过暗，要在庄重中增加明快感。因老年人的脸色看上去有些灰黄，精神上有些疲倦。因此，通过亮丽的服装颜色来调整、弥补面部和精神上的衰老感，激发出老年人的自信和活力是极其重要的。但在款式上不必过于追求年轻化，以大方、简洁、舒适为最佳选择。

总之，不同的年龄段应穿不同风格的衣服，以彰显自己的魅力。

搭配锦囊

假如你的肩部不标准，有些窄或呈倾斜状，为了掩盖这一缺陷，在穿衣打扮时，需掌握以下一些诀窍：

应选择：

◇ 稍宽一点的垫肩。

◇ 装袖(另外缝上的袖子)。

◇ 横向延伸的翻领和领子。

◇ 肩饰会使肩部变宽。

◇ 翻领的套衫和 T 恤衫是最理想的上衣，因为它们的水平线会产生肩宽的错觉。

◇ 上身穿浅色或鲜艳的颜色以便在视觉上扩大这一部位；或有褶子、图案、颜色鲜艳的裙子和裤子，它们能使视线下移。

◇ 胸部口袋能增加宽度，分散对肩部的注意。

◇ 要挺胸站直，糟糕的姿势会使肩部的缺点更加明显。

应避免：

◇ 插肩袖，即从肩膀上部(往往是靠近脖子根部)开始的袖子；蝙蝠袖，即同肩部一体的袖子。

◇ 用大领子来掩饰肩部会看起来不成比例。

◇ 紧身上衣只会使你力图掩饰的缺点更明显。

着装需与肤色协调

着装除了讲究色彩的协调与搭配外，还应与人体肤色形成总体的协调。每个人与生俱来就带有自己特有的色彩，就是自己的肤色。如果肤色和服装色彩搭配恰当，那么就会给自己的形象锦上添花。

在世界上，人体的肤色分为黄色、白色、黑色和棕色等四种颜色。中国人大多为黄色皮肤，而因气候和地域的差异，皮肤的颜色也存在着明显的区别，有的人皮肤黝黑，有的人皮肤白皙，有的人皮肤偏黄。仔细观察，不难发现，肤色会随着服装颜色而发生微妙的变化。有的服装颜色能把人的皮肤映衬得偏白或偏红，有的服装颜色则使人的面色显得偏黄或偏灰。适合肤色白皙穿着的颜色，不一定适合肤色偏黄、偏黑的人。因此，根据肤色来选择适合自己的服装是十分必要的。

为了修饰肤色的不足，使皮肤充满光泽，肤色偏黄的人适宜穿蓝色或浅蓝色、粉色、橘色、淡咖啡色、淡桃红色、淡苹果绿、淡绿、草绿或翠绿等暖色调服装，从而衬托出皮肤的洁白娇嫩。相反，肤色偏黄的人不宜穿对比色调大的服装，如紫色、绿色等。另外，玫瑰红的服装也不适合肤色偏黄的人，因为玫瑰红的色泽会使肌肤看起来更黄。

肤色白皙的年轻人，选择服装的范围较广泛，穿淡黄、淡蓝、粉红、粉绿等淡色系列的服装，都会显得格外青春，柔和甜美；穿上大红、深蓝、深灰等深色系列，会使皮肤显得更为白净、鲜明、楚楚动人。总之，这种肤色的人最好穿蓝、黄、浅橙黄、淡玫瑰色、浅绿色一类的浅色调衣服。

如果肤色太白，或者偏青色，则不宜穿冷色调，否则会越发突出脸色的苍白，甚至会显得面容呈病态。例如，脸色苍白的中老年人一般不要选择纯黑色或纯白色的上衣，那样会使人显得暗淡无光。

皮肤黝黑的人，宜穿暖色调的弱饱和色服装。亦可穿纯黑色服装，以绿、红和紫罗兰色作为补充色。可选择三种颜色作为调和色，即：白、灰和黑色。主色可以选择浅棕色。此外，略带浅蓝、深灰二色，配上鲜红、白、灰色，也是相宜的。并且，穿上黄棕色或黄灰色的服装就会使脸色显得明亮一些，若穿上绿灰色的服装，脸色就会显得红润一些。属于此类肤色的人，不宜选用黑色、深红等较深颜色的服装，这些色彩会使脸色显得更加灰暗。如果改换成浅淡明快的颜色，效果就会好一些。

面色红润的人，宜穿淡咖啡色配蓝色、黄棕色配蓝紫色、红棕色配蓝绿色等色系的服装。面色红润的黑发女子，最宜采用微饱和的暖色调，也可采用淡棕黄色、黑色加彩色服装，或珍珠色用以陪衬健美的肤色。此类肤色的人不适宜穿茶绿、墨绿等绿色的衣服。因为红色与绿色反差太大，对比强烈，这样会使脸部显得刺眼不协调，会给人一种很俗气的感觉。

总而言之，在选择服装时，不要忽略皮肤的颜色，应尽量使衣服的颜色与皮肤的颜色协调，这样才能体现出和谐美。

搭配锦囊

如何使发色与肤色、发型、妆容及服饰搭配得当：

◇ 与黑色头发搭配。

肤色：任何肤色；

发型：自然；

妆容：浅冷色系或端庄的正红色系；

服饰：沉稳的深灰色系、典雅的蓝色系列和酒红色等。

◇ 与深棕色头发搭配。

肤色：任何肤色，肤色白皙者尤佳；

发型：淑女式的直发或微卷的长发、大方的齐耳短发；

妆容：自然妆容，冷暖色系皆宜，尤其适宜雅致的灰色系；

服饰：经典的黑色与白色、优雅的紫色、大方的藏青色和米色系等。

◇ 与浅棕色头发的搭配。

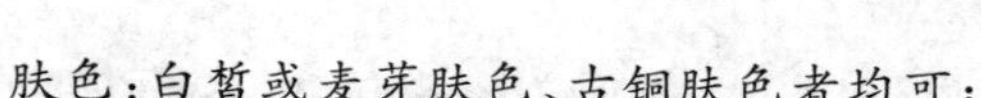

肤色：白皙或麦芽肤色、古铜肤色者均可；

发型：清爽有动感的短发、亮丽的大波浪长卷发；

妆容：冷暖色系皆宜，建议尝试清爽明快的水果色系；

服饰：清新的浅黄、浅蓝、浅绿色，亮丽的银色与橙色。

◇ 与铜金色头发的搭配。

肤色：白皙或麦芽肤色，也很适宜肤色微黑的女士；

发型：时尚造型的短发、有层次的齐肩直发；

妆容：冷暖色系皆宜，建议尝试透明妆或水果色系；

服饰：纯度高的黑与白、红与黑、金色与橙色、天蓝色。

◇ 与红色头发的搭配。

肤色：自然肤色或白皙皮肤，非常适合肤色偏黄的女士；

发型：有活力的短发、中长直发或卷发均可；

妆容：暖色调的妆容，金色系、红色系、棕色系等较浓郁的色彩；

服饰：黑、白、灰经典色，热情的火红色，浓郁的深咖啡色与红棕色。

根据脸型择装

拥有一张美丽动人的脸是每个女性的共同愿望，然而在实际生活中，完美无缺的脸型是极其少见的。因此，如何通过着装来显示脸型的优点和掩饰弥补缺陷，是每一个爱美的人都关心的问题。

脸部是表现人物感情的主要部位，也是决定服装的领线、领型的主要依据。根据脸型选择服装的过程中，不可忽视领子的作用，领子是服装的核心，它不仅对服装本身起着主导全局的作用，而且它是服装所有部位中率先进入对方关注热点的部位。领子的设计、制作的精美与否是服装质量的关键所在。对于购买者来说，根据自己的脸型选择领口是十分重要的，这也是着装艺术的一个重要环节。

一般情况下，长形脸可选圆领，让圆线条把视线向横的方向拉，从而增加脸的圆润度；也可以选用一字领或关闭式领口，尽量少露出颈部，因颈部露出过大，会使人感觉又增加了脸的长度。

方形脸可选用圆领、V 形领，以缓和面部两侧的棱角，应避免采用方形领和圆形领，这两种领型使方脸显得更方，只有用 V 形领和 U 形领可缓和方形脸的棱角作用。

圆形脸可选用方领、尖领，领口开得稍微大一些，露出颈部，使脸、颈相接，减弱脸的圆度。不宜选择大圆领。

尖脸型宜选择能遮盖住颈部的领样，如脸尖脖长则应选用男式衬衫领或中式贴领。

鸭蛋形、瓜子形脸型是最理想的脸型，可以与任何领型相调和。

另外，颈部粗短的人要避免选择立领和高领的领型。应选择反领、无领、低开领、V 形领加以调整，让对方的视线从脖子处向下转移，使脖颈显得长一点，达到和谐美的效果。

除了通过衣领来弥补脸型的缺陷外，也可以根据发型来弥补。脸型是难以改变的，而发型则可以做各种变化。通过修饰发型来弥补脸型比例的不足，从而使整个头部形象更和谐，更理想，更漂亮。

◎ 适合长脸的发型

长脸的发型设计应以优雅活泼的发式为宜，额前头发留长些，适当下垂至眉下；顶部头发要低平，不宜隆起；发型要舒展、松散、饱满，增加横向形体面积；尽量增加头发起伏感，避免笔直下垂的直发。

◎ 适合圆脸的发型

圆脸型又叫娃娃脸，特征是脸短，下巴浑圆。在梳理发型时，要交替运用衬托法和遮盖法。在设计选择发型时要注意：额前不宜梳浓刘海儿，即使梳的话，也要避免刘海儿平贴或遮盖前额。可采用分缝法破圆，以显露额角；顶部头发应梳得松散高耸，以加长和改变头部的形体感觉；两侧头发避免隆起，应收紧服贴；避免对称发型。

◎ 适合方脸的发型

方脸的发型设计要点是切角成圆，发式的外轮廓应以圆套方，顶发应蓬松高耸，额前两鬓角用刘海儿遮盖，线条要明朗，以使脸显长；

头发侧分不宜太偏。这种脸型宜烫发，波浪要大；避免头发平直，以圆润的线条减弱对脸部方正直线条的视觉印象。发型要求上边放松，下边收紧，头发稍短显出颈部较长。

◎ 适合"由"字形脸的发型

"由"字形脸又叫三角形脸，应采用表现前额较宽的发型，如采取中分或侧分头发，头发蓬松向左或向右；或采用较长宽的刘海儿，遮去发际尖端。注意在弥补三角感觉的同时，应避免产生方脸的错觉。这种脸型不宜将头发烫得过于花哨，留长发时应将头发削出上厚下薄的明显层次。

搭配锦囊

◇ 长脸：不宜穿与脸型相同的领口衣服，更不宜用 V 形领口和开得低的领子，不宜戴长的下垂的耳环。适宜穿圆领口的衣服，也可穿高领口、马球衫或带有帽子的上衣；可戴宽大的耳环。

◇ 方脸：不宜穿方形领口的衣服；不宜戴宽大的耳环。适合穿 V 形或勺形领的衣服；可戴耳坠或者小耳环。

◇ 圆脸：不宜穿圆领口的衣服，也不宜穿高领口的马球衫或带有帽子的衣服，不适合戴大而圆的耳环。最好穿 V 形领或者翻领衣服；戴耳坠或者小耳环。

根据体型择装

人有高矮胖瘦之分，不同体型的人在服装的选择上亦不同。

一般来讲，身材偏胖的人在选择服装时，宜选黑色、深蓝、深褐、墨绿、蓝灰等深颜色，但不要全身黑，那样会增加厚重感，有时会使人感觉愈加沉重高大。偏胖女性的衣料以单色或碎花直纹图案为宜，不宜穿色彩太扩张的衣服，不宜穿花色繁多或大图案的衣料；偏胖男士穿直条纹衬衫比较合适，最好要系领带，这样会转移别人的视线，使人们不去注意你的腰围。在面料的选择上，不可太厚或者太薄，应以适中柔软挺括的面料为佳，尽量少用有弹性的面料。

在款式上，应尽量简洁雅致。偏胖的女性上衣应选择尖型领口和长过臀部的款式，可适当收腰，竖向分割款式能使体型显得修长，肥瘦要合身，不要太紧或太宽松，不要加过多的装饰；下身则以直裤为最佳选择，不宜穿弹性紧身裤、锥形裤。不要把上衣塞到裙子或裤子里。臀部较大的体型，上装用明色调，下装用暗色调，上下对照，突出上装，效果就会好些。可穿直筒的衬衫或运动式宽松的长外衣和长风衣，以掩盖臀部。下身可选用不贴身的面料，裤子要尽量长一些，不要穿有横线条的和又瘦又短的裤子，女性要避免选择短上衣、碎褶裙、百褶裙、大格子和大花的裙子。

体型偏瘦的人一般不宜穿竖条纹和深颜色的衣服，应选择具有扩张感和浅色、暖调和横向条纹衣服，也可以用两种对比色调来进行调整。大花图案面料、蓬松质感的面料、针织和光感强的面料的服装，都能增加立体感，使体型显得丰满、圆润。不宜穿过薄的衣服和高弹性的紧身衣。女士宜穿不易暴露体型的百褶裙或八片裙、肥腿裤；男士适宜穿造型感强的服装，双排扣宽领的款式更为合适，可使用宽皮带增添敦实感。

个子较矮的女性不宜穿大格子图案和宽松的长裙，否则，会显得更加低矮。不宜穿着大开领的衣服，也不宜穿多褶的裙子或长至小腿的裙子。最好选择小花图案或单色的合体服装，紧身短裙或紧身瘦长裤，使身材显得修长。男士不宜穿颜色对比鲜明的上衣和裤子，适宜穿直条纹尖领衬衫，系色彩鲜艳的领带。上装的长度稍微短一些可以使腿部显得长一点。穿鞋底稍厚一点的皮鞋，可增加一些身高。

上身较长而腿部较短的人应以高腰裤、短上衣搭配来弥补不足。女性可选穿统一色调的裙套装或裤子套装；男士可选择长上衣，窄腿裤，采取掩饰腰部和臀部的方法修正不足。这种体型不适合穿窄腿牛仔裤，最好穿直筒或裤腿较宽大的牛仔裤。

腿部较粗的人不宜穿又瘦又紧的针织裙和弹力裤子，不适合穿窄

裤腿牛仔裤。大腿较粗的人,宜选择颜色较深的长裙或肥腿长裤,以掩饰粗胖的大腿;不要选择瘦窄的裤子和不到膝盖的短裙、短裤。小腿粗的人宜穿长裙子,裙长应达到膝盖下5厘米以上,并选用暗颜色的袜子,以掩饰小腿的缺陷。

想改造体型的缺陷,除了靠运动与饮食之外,首先得充分认识身材上的优缺点,然后再利用衣服款式的特点来做身材上的修正。

常见的身材缺陷主要有以下几个方面,针对不同的缺陷可以采取不同的修正方法。

◎ 臀部较宽大

臀部变大是许多办公室女性的共同忧虑,因为工作的关系,上班期间她们只能长期坐着,久而久之,便容易出现下垂的现象。为了掩饰臀部宽大的缺陷,在搭配服装上,应尽量将目光的焦点放在上半身,下半身多以深色为主即可。

臀部较宽大的人在服装搭配方面应注意这些问题:

◇ 宜选择中直筒裤口略窄的裤子,适合身材比例中等的腰身,尽量避开合身或者贴身的裤款。在色彩方面,应避开容易吸引人目光的鲜艳色彩及花哨图案,以免显得更臃肿。

◇ 应挑选A字形的款式,从腰部到裙摆的线条流畅,自然的宽度可使臀部看起来不那么突兀,避免紧身或打褶过多的裙子。

◇ 长外套可掩饰过大或突出的臀部,其宽阔的设计,可让人忽略凸显臀围,避免长至腰际的短外套。

◎ 腰粗、小腹微凸

腹部的赘肉是令许多女性比较头痛的问题,随着生活质量的提高,经常聚餐、应酬,常吃大鱼大肉,若没做运动将热量消耗,日积月累便很容易在腰部堆积脂肪,而造成粗腰、小腹微凸使身材走样。

腰粗、小腹微凸者在服装搭配方面应避免系过于合身的腰带,并挑选能遮盖腰部、宽松柔和的服装,使腰线不过于明显。此外,利用层次搭配的原理,在洋装或衣服外加一件小背心、短上衣,让视线产生有层次的错觉,从而转移腹部的注意力。也可利用配饰转移他人注意的焦点，如在脖子上围条领巾、在胸前别上显眼的饰品等。切忌穿着连身裙或贴身的裙子，以免强调了缺点；尤其百褶裙的缝褶，更有反作用的效果。尝试穿着低腰裤，则可减低视觉上小腹的突出。

◎ 腿部较粗

大象腿困扰着每个爱美的女性，为了掩饰腿粗的缺陷，可利用一些服装的款式巧妙地营造出双腿修长的感觉。

穿着长裙可完全掩饰双腿的一切缺点，无论是 A 字裙、圆裙、百褶裙皆可；小腿过粗的人，可考虑穿深色丝袜搭配 A 字裙。切忌穿着迷你裙，以免使缺点无所遁形。

长裤也是不错的选择，应尽量避免合身且长度过短的款式。如果走路姿势不很好看，则穿着长裙会比较适合。

搭配高跟鞋会有修长的感觉；如果是一双设计线条美观的长靴，则可美化小腿曲线。

◎ 上半身较长

理想的上下身黄金比例应为 3∶5，如果上半身太长，则会造成腰长腿短的不协调感。此种身材不分高矮，皆是与生俱来的，惟有靠穿衣的技巧才能改善。

高腰的裙子或裤子，可提高腰线、调整身材比例。素面的剪裁或合身的连身裙款式，会将身材完全展现，是腰长腿短人的禁忌。

由于同色系的搭配没有颜色的分割，模糊臀腰的焦点，因此可掩饰腰长腿短的缺点。

避免选购过于合身的外套或短外套，由于两者腰线时常偏高，非常容易暴露出上半身较长的窘况。

◎ 上半身较短

相较于腰长腿短的体型，上半身较短的人较不令人困扰，只要选择不强调腰线的衣服即可。全身尽量选择同色系的衣着，可加强身高的修长感。

穿衬衫或 T 恤衫时，要将衣服下摆放在裤子外，衣衫长度最好为肚脐下 5～8 厘米。

以一件式的洋装最适合，但应避免过于合身的款式，且线条最好自然垂坠。

◎ 胸部扁平

如果你常为自己扁平的胸部感到自卑伤脑筋，那就好好运用服装的款式，也可以使你穿着出色，抬头挺胸。

利用衣服胸前的图案、打褶、蝴蝶结等复杂的变化，转移他人的目光焦点。厚上衣及宽松的上衣，都有助于加强身体的膨胀感。

避免穿着低胸服装、紧身衫及款式简单的高领衫，以免自暴其短或使上身变得更平坦。

可利用围巾掩饰胸前略微平坦的身躯。

尽量选择色彩鲜明的上衣，避免黑、咖啡、灰等深色系服装。

◎ 胸部过于丰满

有些女性朋友会以丰满的胸部为傲，而有的则会因为胸部过大有点难为情，其实只要在服装的款式与搭配方面下点功夫即可解决烦恼。

在穿衣打扮方面，你应避免穿高腰样式和在胸部带有横条的衣服。而且，远离宽腰带和在腰部紧扣的皮带，因为他们会强化胸部的分量。然而，穿带翻领的 V 领上装以及印有竖条或者设计结构上有纵向条纹的上衣和套装就比较合适。建议参考以下一些建议：

应选择比较别致的开领、领巾或首饰来将注意力转移到脸上。如果你腰部以下比较苗条，可以穿颜色鲜艳、浅色或有图案的裙子来将注意力转移到下边。

避免扎宽腰带。它会将上半身缩短，从而使上身引人注目。最好扎同裤子或裙子颜色比较协调的细腰带。

深色窄翻领的合身却不紧绷的长款上衣或套衫。如果你下半身很苗条，可以配上浅色调的下装。机织织物或不粘身的针织服装。选择 V 字领的上衣。可以戴收胸胸罩，它能将你的胸围缩小 5 厘米。

深色而简单的上衣，有助于看起来不那么突出；反之，鲜艳的衣服只会提高别人的视线。

没腰身的单排扣外套可有效隐藏胸前的“伟大”，避免双对襟的外套，以免增加膨胀感。

此外，应避免胸部过紧的衣服；胸部有口袋的衬衫或上衣；太短的裙子，它能突出水平方向，使你显得丰满；过于宽松的上衣；大领子和大翻领；长的项链和领巾，它们会将视线吸引到胸部。紧身 T 恤及横纹的大花衬衫，只有更加强调此部位的丰满。还有，胸颈部位不要用精致、夺目的装饰，以免太引人注意。

搭配锦囊

体型与发型如何搭配得当：

◇高瘦型。此种体型的人容易给人细长、单薄、头部小的感觉。要弥补这些不足，发型要求生动饱满，避免将头发梳得紧贴头皮，或将头发搞得过分蓬松，造成头重脚轻。一般来说，高瘦身材的人比较适宜于留长发、直发。应避免将头发削剪得太短薄，或高盘于头顶上。头发长至下巴与锁骨之间较理想，且要使头发显得厚实、有份量。女性可适当地加强发型的装饰性，或在两侧进行卷烫，对于清瘦的身材有一定的协调作用，能显得活泼而有生气。

◇矮小型。个子矮小的人给人一种小巧玲珑的感觉，在发型选择上要与此特点相适应。发型应以秀气、精致为主，避免粗犷、蓬松，否则会使头部与整个形体的比例失调，给人产生大头小身体的感觉。身材矮小者也不适宜留长发，因为长发会使头显得大，破坏人体比例的协调。烫发时应将花式、块面做得小巧、精致一些。若盘头也有使身材增高的错觉。

◇高大型。此种体型给人一种力量美，但对女性来说，缺少苗条、纤细的美感。为适当减弱这种高大感，发式上应以大方、简洁为好。一般以直发为佳，或者是大波浪卷发。头发不要太蓬松。总的原则是简洁、明快，线条流畅。

◇矮胖型。矮胖者显得健康，要利用这一点造成一种有生气的健康美。譬如选择运动式发型。此外应考虑弥补缺陷。矮胖者一般

脖子显短，因此不要留披肩长发，尽可能让头发向高度发展，显露脖子以增加身体高度感。头发应避免过于蓬松或过宽。女性在发型的梳理上宜用精致花巧的束发髻，整体的发式要向上伸展，露出脖子，以增加一定的视觉身高。不宜留长发波浪、长直发，应选择有层次的短发和前额翻翘式发型。

不要在流行潮中迷失自我

时尚是年轻人的代名词，在当今，多数年轻人喜欢追逐时尚，跟随流行的步伐。走在熙熙攘攘的大街上，观察来往的行人，不难发现，大多数人的化妆、发型、服装类型、鞋子的款式，甚至一些饰品都是几种固定的款式，这种现象折射出人们跟随流行风的心理，他们尽量将自已装扮得时尚，以显示自己的个性。

因为追逐流行和时尚，多数人的着装早已超越了保暖、整洁、得体等低层次标准，而把追求的目标放在体现审美价值，展露精神风貌，显示身分地位上。这一切都明显的带有强烈的时代色彩，因而就大多数人而言，为了实现这些追求而把目光紧紧盯在时装的潮流上便是很自然的事情；不少年轻女性在流行风潮中迷失了自我，成了盲从的牺牲品。

喜欢追逐时尚本无可厚非，但盲目地追求却并非是件好事，往往容易出错。因为流行的东西并不是适合每个人，个体的身材、脸型、肤色、年龄等不同，所适合的服饰亦不同。若一味地跟随流行的脚步，而不考虑自身的状况，盲目地将流行的服饰穿戴在身上，这就会给人留下庸俗的感觉，而自身的优点也就会被掩盖，从而无法建立属于自己的审美观与品味。

例如，在 1992 年夏季，市面上流行长衣配短裙的新式套装，街上处处可见这种套装的风姿。的确，长衣配短裙，对传统而言，确是一种创新，但它只有穿在那些身材特别好，腿部长，身体曲线分明，三围达到标准的年轻女性身上，才能显出别致的韵味；而身材不十分理想的女性若也这样穿着，就很难找出美观，从而变成难看的“套中人”了。

又如，在前几年，街上流行高腰裤，短上衣，式样很美，但穿的人大都很难看。因为东方人的体型多为上长下短，高腰裤正好显其缺点，看到一些女性穿着高腰裤，短上衣，露出肥大的臀部和长长的腰节，看上去一点美观也没有。

由此可见，年轻朋友们在追逐时尚时，应该既不忽视“潮流”，又要了解自身，提高修养，穿着打扮尽在尺度分寸中，宁愿不赶“流行”，也不要强求自己去做流行的风雅者。对流行的把握不在于款式的雷同，更主要的是把握流行的风格，掌握流行的真谛，认识自己的个性，保持穿着中的自我。总之，在追逐时尚的过程中，我们应选择适合自己的流行风。

搭配锦囊

如果身材较小或个头中等的你希望变得高挑一些，在穿衣服时，应注意以下小诀窍：

应选择：

◇ 单色或同一色调的服装以产生修长不间断的线条。

◇ 同服装相配的鞋袜。

◇ 紧身的服装而不是宽松的服装。

◇ 用垂直线，如前开叉、褶子、V 字领和竖条纹来产生修长的线条。

◇ 高跟鞋。

◇ 短裙子（膝上几厘米）；A 形裙，尤其是及膝长的 A 形裙会在视觉上将你下半身分成两部分。

应避免：

◇ 让上身、下身显得同样长。两者之间不平均才能产生长度上的错觉。

◇ 水平的细节，如裤脚翻边和醒目的兜盖。

◇ 过高的鞋跟，看上去会同你的身材比例不协调。

◇ 艳丽的印花，过大的饰物。

穿着坚持个性很重要

初次见面时，人们总是喜欢根据着装来判断一个人的性格。在个性飞扬的今天，富有个性化的穿着更是人们在着装方面的共同追求。

每个人的个性正如世间每一片树叶都不会完全相同一样，每一个人都具有自己的独特个性。在着装时，既要认同共性，但又绝不能因此而泯灭自己的个性。着装要坚持个体性，具体来讲有两层含义：第一，着装应当照顾自身的特点，要作到"量体裁衣"，使之适应自身，并扬长避短。第二，着装应创造并保持自己所独有的风格，在允许的前提下，着装在某些方面应当与众不同。切勿穷追时髦，随波逐流，使个人着装千人一面，毫无特色可言。

在着装方面，个性美的塑造是以强调个人的优点为目标的，人们通过选择合适的服装，利用穿着来突显自己的优点，隐藏缺点，穿出自己的品味与独特的韵味。

在社会交往中，一些人巧妙地利用穿衣打扮来修饰自己的个性缺点。例如，利用颜色就可以很好地达到效果。由于色彩对人们的视觉和心理产生着不可抗拒的作用，因此，用色彩弥补个性的缺点尤为重要。高调配色时，能创造明朗、轻松的气氛；低调配色时，则有庄重、平稳、肃穆的感觉。穿上粉绿、嫩黄的服装就显得年轻活泼；穿上灰、黑颜色的服装就显得老成稳重。因此，忧郁型的人不妨高调配色，穿明快的颜色；急躁的人不妨低调配色，穿得淡雅一些，以此来平衡个性中的不足。

选用最喜欢的颜色虽然最能够表现自己的个性。但是，需要注意的是，有时，对于体型的修饰会与个人喜好的颜色相冲突，比如高而胖的女性，若偏爱鲜明亮丽的颜色，就与她的体型需要的颜色相悖，这就需要在色彩的搭配上下点功夫。若以深颜色作为主色调，而以鲜艳色彩在领口、衣襟、袖口等处作点缀，能增加亮色，既修饰了体型，又满足了个人对色彩的追求，把人打扮得潇洒富有个性。

近年来，在时尚潮流的推动下，服装不再只是爱美女性的专利，男性服装也如雨后春笋般地占领市场，呈现出百花齐放、争奇斗艳的景象，为男子选择适合自己的服装提供了博大的空间。但值得注意的是，无论选择何种款式的服装，都应避免盲目地赶时髦、跟随流行风，而应根据自己的个性选择适合的服装，穿出自我风采。试想一下，如果街上的行人都穿同一种款式的服装，那么，别人会误认为你穿的是统一发的工作服或是减价处理的服装，那会使你爱美的自尊心受到伤害。

搭配锦囊

麻秆似的你若想让自己看上去丰满、圆润一些，在着装时，应注意以下诀窍：

应选择：

◇ 横条纹、醒目的腰带、兜盖和裤脚翻边。

◇ 比较厚重或质地较粗的织物，如花呢、法兰绒和灯芯绒。

◇ 式样或长短不同的服装混穿，使身材显得丰满。

◇ 用褶子来增大身体的体积，产生较丰满的错觉。

◇ 颜色鲜艳或浅色的服装，色彩对比强烈的上装和下装。

应避免：

◇ 太多的垂直线条。

◇ 太紧或太宽松的服装。

◇ 贴身的面料或紧身款式的服装。

二、社交着装款式的选择

要想穿出美丽，服装的款式不容忽视，善于利用各种款式衣物的特点，不仅可以掩饰身材的缺陷，还可以为自己打造出最贴切的形象。

衣服的款式众多，如洋装、套装、长裤、裙子、衬衫、T 恤衫等，在众多的款式中，挑选适合自己的服装才是最重要的。在现实生活中，有的人钟爱裙子，有的人喜欢 T 恤衫，有的人偏好套装，他们之所以会钟爱于某几种类型与款式的衣服，是因为每一种衣服在经过相互搭配后能产生最佳的视觉效果，从而增添自身的魅力。因此若能对每种类别与款式的衣服有基本程度的认知，便可相互搭配出多种造型，修饰不够完美的身材。

套装——职业女性的首选

套装是职业女性的首选，它是女性衣橱里非常重要的服装主角。一般来说，套装的风格取决于职业及体型等许多因素，穿着得体的套装是助你成功、表达自信、留下美好印象的最佳服饰选择。

职业妇女上班可佩戴简洁的耳饰搭配套装，既具女性美，又显端庄稳重。在最正式的工作状态中，一定要穿全身同色的裙套装出席，裙套装比裤套装显得更为正式。

在春秋冬的工作时段里，在职业套装里面搭配高领、低圆领、V领的薄羊绒衫、针织衫，是既保暖又有品味的选择。但是在外衣里面不要让别人看见层层叠叠的各种领子，比如毛衣领和棉毛衫领都被别人看到就很不雅观。

套装分为传统和新款两种风格。传统的套装风格具有僵硬、线条明朗、裁剪考究、较为正式的特点，适合在保守职场工作的上班族。与其相比，新款套装的线条较为柔和，但不失严肃庄重，适合在轻松环境中工作的上班族。并且，新款套装还具有多功能的特点，它的上下装可以分别和其他衣服搭配，如上装可与卡其布裤搭配着穿，下装可与两件套毛衣或亚麻衬衫搭配着穿。不过，无论属于哪一种风格，套装最好是羊毛或羊毛混纺面料，羊毛纺织成的华达呢或绉织物(此词源于法语 creu，意为起皱。包括所有起皱、有碎石花纹表面的面料)，是目前最具多功能用途的套装衣料。

从款式上看，套装分为长裤式套装、裙式套装和个性化套装三种。

长裤式套装简单利落，便于行动，容易给人留下干脆利落的形象。在选购长裤式套装时，需注意服装整体的设计效果，即在线条的剪裁上，一定要看起来很流畅，且以素色为佳，避免繁复的图案与过多的装饰，否则只会增加视觉上的负担。一般来说，黑色、海军蓝、深灰、紫灰、米褐等色系，是长裤式套装的最佳颜色。在款型上宜挑选肩线柔和、腰部宽松适中的上衣外套，其优势是不易过时，且充分散发出平易近人的亲切感。

上衣若为衬衫，衬衣要裁剪的简单、大方，不要有太多的褶边、花边的修饰。在大多数情况下，衬衣的颜色应该和套装形成对比，不过，和外套、裙子相同颜色的衬衣也是一种令人满意的选择。款式方面，你可以考虑如下设计：一般的圆领、做工精细的有锯齿边的领口、系带子的领口、荷叶花边领、褶皱花边领以及佩戴珠宝首饰的衣领。不露出乳沟的 V 字领也是可以接受的。如果衬衫比较薄、透明时，一定要在里面穿贴身背心来遮蔽里面的内衣。如果衬衣的纽扣之间开口较大，能露出里面的内衣，那就要小心地用别针别好。在材质方面最好选择丝质、涤纶(看上去很像丝质，有时候价格也差不多)、棉质、苎麻、亚麻衣料的衬衣。

裙式套装能体现出女性的曲线美，增添了女性的妩媚感，且能塑造鲜明的个人形象。挑选此类套装的重点在于颜色，选择适合自己的颜色是购买裙式套装着重要考虑的问题。拥有传统式女装剪裁线条的女性化套装，以柔和清爽的颜色为其特征，许多国家的元首夫人，都习惯穿着这类款式的服装，来表现母仪天下的亲和力与智慧，以柔美温婉的调性来征服人心。

套装的裙子多长才算得体，这是许多职业女性多年来一直在思考的问题。太短可能会导致春光尽泄，而太长的裙子则会显得过于累

赘、拖沓。一般来说，裙式套装应当能使腿显得漂亮，适合你的职业和你希望塑造的理想形象。因此，除非你处于一个非常保守的环境，否则裙子不必长及膝盖，在膝上 2.5～5 厘米就足够了。

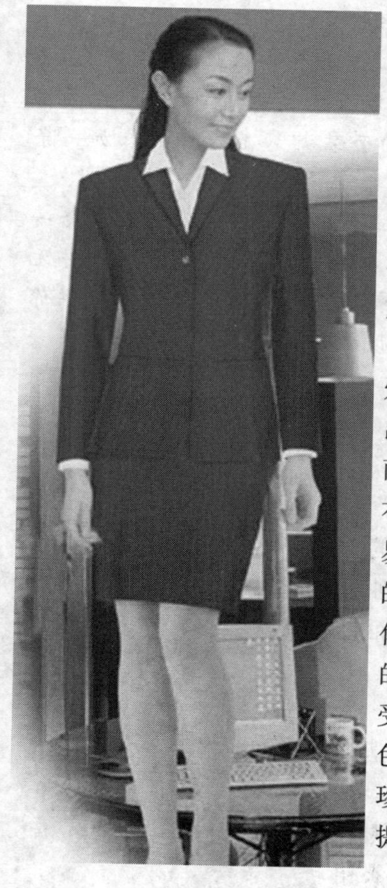

近年来，裙式套装的裙子多为开叉裙，开叉裙是否得体既取决于裙子的长度，也取决于裙叉的长度。为了确保你穿的裙子得体，可以试验一下，看看你坐下的时候，裙叉比站着的时候高多少，腿部多露出多少。如果你自己或其他人可能对暴露过多的腿部感到不舒服，那就把它留到休息时间再穿吧。

个性化套装是俏丽时尚女性的最爱，它打破传统套装的保守印象，表现出个人鲜明的风格。在颜色选择上，亮丽活泼的颜色，如粉蓝、嫩黄等，以及具有特色的布料与合身的款式，可让你轻易地塑造个人鲜明形象，成为众所关注的焦点。需注意的是，红色虽然是个性化套装中的佼佼者，但色彩太过于明亮的红色，容易带给人刺眼、不舒服的感受，所以应避免选用明亮度太高的红色。还可利用佩饰来显示个人风格，如珍珠饰品、古董别针、高级手表、专业手提公事包等，具有画龙点睛之效。

值得注意的是，套装讲求整体美，无论购买何种款式的套装，都应准备与款式相配套的鞋子、腰带、衬衫，这样才能将套装的优点发挥得淋漓尽致。

搭配锦囊

◇ 中性长裤式套装最好是一次买齐一整套，因为同样的质材能营造出流畅修长的整体感，让你看起来轻松又干练。

◇ 简单的一条裙子加一件衬衣看上去还不够职业、不够完美，再挑选一条别致的腰带，一个漂亮的丝巾以及合适的首饰，会为你的形象增添不少职业的光彩。很多两件式的套装都只是一件衬衣加一条裙子，需要你自己挑选一些佩饰，使它们搭配得更加完美。

◇ 女士也可以选择胸前一个口袋或双口袋的套装，一般包括一件短上衣加一条长裙，或一件超长的上衣加一条窄裙，或者是一件无翻领的上衣配上一条百褶裙、A 字裙或窄裙。众多的搭配方案可供你选择，使你能轻而易举地塑造出满意的形象。

礼服——展现女性美的风韵

礼服主要适用在正式、隆重、严肃的典礼或仪式等社交场合，一套恰当得宜、独具特色的礼服不仅展现女性美的风韵，而且还会让你成为众人注目的焦点。

◎ 女性礼服

大方、整洁、庄重是女性穿礼服的基本要求，女性礼服分为传统和现代两种。传统礼服有大礼服、常礼服和小礼服。大礼服为袒胸露背的单色拖地或不拖地连衣裙式服装，并戴颜色相同的帽子，戴长纱手套及各种头饰、耳环、项链等饰物。小礼服也称晚餐礼服或便礼服，长至脚面不拖地，露背式单色连衣裙式服装。常礼服为质料、颜色相同的上衣和裙子，可

戴手套和帽子。

我国女性在正式社交场合一般穿西装套裙，也可穿裙装或民族服装。

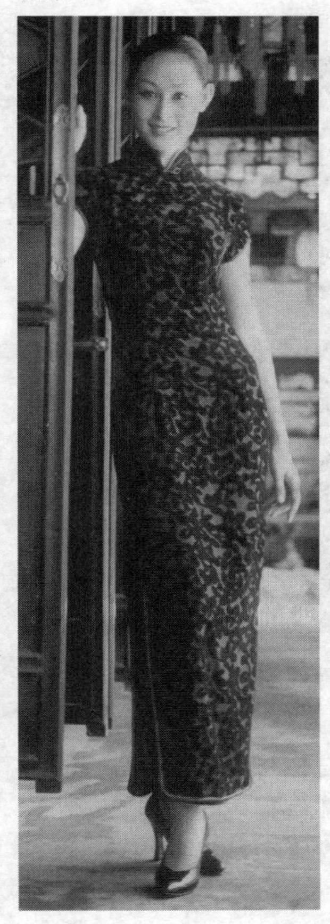

女式西服大致分为裙子套装、裤子套装和三件套装等。女式西服没有固定的款式，不要求像男西装那样规范，一般要求穿着合体，突出女性体型的曲线美。在颜色上，女西服上下装的颜色不一定相同，但颜色的搭配要协调。女西服内可穿着衬衫，也可穿颜色协调的针织合身衫，但不要穿得层次过多，领口和袖口处一般只露出一层或两层。女性穿着西服时，可配戴精巧漂亮的胸花。

裙装的形状大致有矩形、A 形、倒 A 形三种。女士可根据自己的年龄、性格、体态、爱好和场合，选择合适的裙子。参加宴会或重要晚会时，要选择比较华丽的裙子，并注意与上衣的搭配。裙子式样的选择也很重要，如穿短裙能使人感到轻松活泼，穿长裙子能使人感到文静稳重。在正式场合穿裙子要穿长丝袜，袜口不要露在裙摆下面。在天气较冷的情况下，可穿较厚一点的丝袜，或把两双丝袜套在一起穿。切忌不要把丝袜穿在长内裤（春秋裤）的外面，那样会显得小腿很臃肿，有失美观。

旗袍，是中华民族具有浓郁民族色彩的民族服装，富有曲线的韵律美，能充分展现东方女性柔美的风韵，适合任何礼仪场合穿着。旗袍有各种不同的款式，作为礼服，一般采用紧扣的高领、贴身、身长过膝、两旁开叉、斜式开襟、袖口至手腕上部（长袖）或肘关节上部（短袖）的款式，配高跟或半高跟皮鞋，面料以高级呢绒或绸缎为主。旗袍比较适合那些溜肩、细腰、长脖子、胸部和臀部丰满、个子较高的女性。

◎ 男性礼服

在正式社交场合，男性也需穿礼服，男性所穿的礼服款式主要有大礼服、小礼服、西服，以及中山服。

大礼服又称燕尾服，为黑色或深蓝色上装，前摆齐腰剪平，后摆剪成燕尾状，翻领上一般镶有缎面；下身为黑色或蓝色的长裤，裤腿外面一般镶有丝带；系白色领结，配黑色皮鞋，黑色丝袜，白色手套，其主要适用在比较郑重的场合。

小礼服又称晚餐礼服或便礼服，其款式为全白色或全黑色西服上装，衣领镶有缎面，腰间仅一个钮扣；下衣为配有缎带或丝腰带的黑裤；系黑领结，穿黑皮鞋。其主要适用在参加下午 6 时以后举行的晚宴、音乐会、剧院演出时等场合。

西服是最常见的服装款式，也是男士衣橱的必备。在国际上，男子西服的款式大致分为三大流派：美国型——特别重视功能性，面料较薄，不用过高垫肩，腰部不十分收缩，保持自然形态；欧洲型——注重服装的挺括高雅，面料较厚，垫肩较高，胸部做得也比较突出，一般都用全衬；英国型——肩与胸部虽不如欧洲型那么显得突出，但体现出庄严的绅士派头。

西服的样式较多，在正式场合，应穿深色西装；若参加轻松的私人宴会、生日晚会、文艺晚会，也可穿淡色或白色西装。在一般社交场合或上班时，有时不穿成套的西服也可以，但西装的上衣和西裤的颜色要协调。在非正式场合，如旅游、参观、聚会等，也可穿单件休闲式西服上衣，配以牛仔等时装裤。

在穿西装时，西装上衣胸部的小口袋一般只可以装折叠好的花式手帕，不可用来装其他东西；上衣下部两侧的两个大口袋也只作装饰用，不可用来装东西。西装衬衫的领子和袖口要硬挺、整洁，领子的大小要合适。正式穿着时，衬衣的下摆必须放在裤子里，衬衫的袖口和领口要露出西装袖口和领口 1～2 厘米，以显出穿着的层次。并且衬衣的选择不仅要考虑美观大方，还要注重舒适和利于健康。

需要注意的是，穿西装一般不宜穿羊毛衫，否则会显得很臃肿，有损于西装的造型美。但在天气较冷时，可穿一件"V"字领的、整洁合体的薄毛衫，领带要放在羊毛衫内，羊毛衫的下边不要装在裤腰里。如果西服内穿圆领或高领的羊毛衫，则不可系领带。这种搭配适合休闲和度假，一般不要在正式场合穿着。与西装配套的大衣不宜过长，以在膝盖下 3 厘米为宜，这样看起来轻便精神。穿大衣可配一顶与之相协调的帽子：正式的大衣可戴礼帽，轻便的大衣可戴便帽。在正式场合一般不宜穿风衣；而在一般场合，风衣可使你增添潇洒的风采。

中山服的款式为封闭式领口，衣领处钉有风纪扣，前门襟钉有五枚钮扣，两片前身的上下各有一个贴袋。其作为礼服时，通常为上下身同色的深色毛料精制，配以黑色皮鞋，显得整齐、庄重，适合各种礼仪场合穿着。

除了以上四种礼服外，我国少数民族的民族服装在正式社交场合和涉外活动中可以作为礼服穿着。

搭配锦囊

穿梭于社交场合的现代女子，面对不同的场景，需要不同的服装来搭配。

◇ 在白天出席的正式场合，两件式的套装会比一件式的长礼服还要显得恰当。不妨选购一套比平常再多一点装饰性设计的合身套装。

◇ 一件性感的低胸小礼服或帅气的窄裤搭配有腰身的短外套，是参加"鸡尾酒会"不错的选择。

◇晚宴礼服最能显露出华丽、贵族般的气质，以展示女性的身体曲线美。

◇黑色礼服是正式场合中的最佳服饰，其之所以受到大家的欢迎，最主要在于它多样化的穿着功能，与其他衣饰的搭配性极高，可以相互搭配出多种风格。

西装——男士社交场合的重要穿着

西装是男士社交场合的重要穿着，不仅表现出个人的品位和气质，而且是自尊与尊重对方、体现自身修养，特别是礼仪修养的充分展现。

◎ 搭配

男士在穿西服时需搭配好衬衫与领带，从衬衣到领带到西服颜色应该有层次，由浅及深，并且领带的颜色应以西服的颜色为主，禁忌盖过西服。总之，千万不要把领带、衬衣、西服胡乱搭配，尤其是领带，在个人的品位还远远没有达到那个层次之前，白色衬衣、藏蓝色和深咖啡色领带是最保险的搭配方法。

◎ 穿着

在穿西服时，需注意这些问题：穿新西服前，一定要将袖口的商标剪掉；衬衣的袖子应该比西服的袖子长 1 厘米左右，衬衣领口不要留空隙，而且应该比西服领口高 1 厘米左右；扣子的扣法也很讲究。双排扣西服要么全扣、或者全不扣。单排 2 扣西服要么扣最上面第一颗、或者全不扣；单排 3 扣西服要么扣最上

面2颗、或者全不扣；单排4扣西服要么扣中间2颗、或者全不扣。

领带夹应该在衬衣从上往下数第4颗扣子的位置；不要在腰间别任何东西；西服和衬衣之间可以配马甲，千万不要穿毛衣或者毛背心，如果觉得冷，可以在外面加风衣外套。

◎ 礼节

西装的穿着讲究场合，在与其相适应的场合中才能够表现出西装庄重的特点。西装不是外套，也不是工作服，而是出席正规场合的服装，因此被称为正装。那么，什么样的西装才是考究的？首先应该是面料的精致与考究，西装面料要挺阔，还不能过于厚重，颜色以黑色为上乘色，灰色为次；西装讲究合身，衣长应过于臀部，袖子长度以袖子下端到拇指11厘米最为合适，衬衫领口略高于西装领口，裤长不露袜子，以到鞋跟处为准，裤腰前低而后高，裤型可根据潮流选择，裤边不能卷边，这些是穿着西装的基本搭配。

领带、领结、手巾、皮鞋、钮扣等等，它们同样是正装穿着的重要组成部分，不容忽视。男士正装最出彩的地方就是上身的“V”字部分，因此领带的扎系就成为了被关注的焦点。正式场合领带的颜色不能花哨，而是以单色或印有斜纹的色彩为主，其中黑白、黑蓝组成的灰色领带为最正宗；通常以温莎结、单结为主要扎系方式；穿着燕尾礼服时，应戴领结；衬衫的选择根据西装样式，衬衫颜色以白衬衫为上；西装的口袋不可以乱放东西，上衣口袋应插手巾或花束，手巾的叠放也有讲究，外露部分通常呈现三角形状，手巾以丝质、麻质为上乘；穿着西装的男士应该自备手帕一条，手帕干净、整洁，以便随身携带；穿西装时不应背包，只能用手包，正式场合西装扣一定要扣上，单排扣西装扣一粒上扣；必要的场合，一些小的装饰应该搭配齐全，如领带夹、碧骨。碧骨的质地一定要名贵，像珍珠、白金等，用于出席晚会、鸡尾酒会；领带夹要简洁、名贵，极具装饰性；皮鞋应该以薄底、漆皮、不带任何金属装饰的黑色皮鞋为佳；需要时应戴手套，穿着燕尾礼服时则必须戴手套，手套为丝质白色为佳，亦可白色鹿皮质地。西装的穿着在规范的同时，展现男士的气质，是身份、礼貌的象征。

一般的工作场合，忌穿花花绿绿、格子款式的西服，领带也要尽可能简洁，色彩稳重，质地考究；在办公室工作的男士，西装的款式、颜色都应偏向于保守，要与周围的环境、人群相互协调，细节装配可以有些微妙的变化，如领带、衬衫的色彩搭配，工作闲暇时领带可以适时放松。作为男士，应该多备鞋子、衬衫、领带，经常更换给人焕然一新的感觉。

搭配锦囊

与搭配其他服装一样，男士正装的搭配也有技巧。

首先，应该明确时间、场合，了解正装穿着的基本原则，因此在男士的衣柜里，一套黑色的西装是必不可少的。

其次，可以根据自己的喜好，选择搭配不同的衬衫、皮鞋、领带，展现西装的不同魅力。

衬衫——每个人衣柜中的必备品

衬衫是每个人衣柜中的必备品，其虽简单利落，但不失典雅庄重的特性，并且容易和其他服装搭配。只要善加运用丝巾、项链、手镯、耳环等，就可变化出各种不同的造型。此外，还可以与毛衣、T恤等做多层次的搭配。

衬衫是一种最为普遍又大方的衣服，衬衫的款式与质料非常多样化，可以通过不同的搭配，穿出正式或随性的风格，同时也可以展现时髦且轻松的个性。不同造型的衬衫，展现不同的风格与气质。

◎ 女式衬衫

女式衬衫的款式虽然繁多，但大致上可分为以下几类：

A. 一般的衬衫

若与西装裤或套装搭配，会展现比较中性、干练的气质；然而，若想要展现比较女人味的风格，衬衫也有不同的搭配方法。将衬衫与毛

衣一起搭配，或将衬衫当做外套来穿，就可以展现比较随性、悠闲的气质。

B. 拉链式衬衫

具有比较休闲的风格，如果能搭配及膝的短裙，会展现十足的女人味。特别是有立领的拉链衬衫，在含蓄中可以创造出干练与简洁的风格。如果在拉链衬衫的腰部或下摆有抽绳的设计，那么，可以展现更为时尚的感觉。

衬衫搭配裙子或长裤，似乎是最为常见的搭配法，然而，只要加上少许配件，就可以增添不同的风采。像佩戴美丽精致的皮带、项链、胸针或系上丝巾，都能展现出令人焕然一新的光彩。

C. 无袖针织衫

能展现双臂的柔美线条，初春的季节选择穿着无袖的针织衫，搭配披肩或薄呢小外套等，都是具有女人味的搭配方法。

如果在无袖针织衫内穿一件男式衬衫，可以穿出时髦的气质。

无袖针织衫若与百褶裙搭配，也能创造出线条感的魅力。

D. 小碎花风格的衬衫

能展现更为柔和的女性特质，若与大大的皱褶裙搭配，则能创造出公主般的梦幻特质，这是搭配圆裙与褶裙的完美方式。

E. 条纹衬衫

除了素色衬衫外，条纹衬衫是许多上班族女性的最爱，它是另一种展现知性风采的最佳选择。

直条纹衬衫是条纹衬衫中最常见的款式，线条式的图案除了能够增添视觉上的变化感，也可以修饰身材。比如，肩膀过于宽大的女性若穿着细直条的衬衫，就会使体型显得较窄瘦；上半身太瘦，或是胸围过小的人，则不妨选择横式条纹、或是粗直条的衬衫，来调整身材上的缺陷。

F. 格子衬衫

选择格子衬衫除了要适合自己身材的尺码，在图案方面也应该注意。同样是方格子衬衫，大方格与小方格所制造出来的视觉效果大不相同。一般而言，大一点的方格会有膨胀的作用，瘦小的人穿上这种衬衫，会使得体型丰腴壮硕些；如果是细小适中的方格，则有收缩模糊的效果，穿上它能够让你看起来不会过于粗壮肥胖。

◎ 男式衬衫

男士在选择了得体的西服以后，与之相配的衬衫又是一个重要的话题。男式衬衫的款式主要取决于衬衫领子的不同，领子的形状大致有尖领型、方领型、标准领型、扣领型四种。

A. 尖领型

尖领型衬衫两边的领尖部位靠得较近，领部呈尖形，向下延伸。适合脸型较宽、脖颈较短的男士穿着。衬衫裁剪有高领口与低领口之分，脖颈不理想的男士挑选低领口衬衫比较好。

尖领衬衫适合搭配较正式的公务西服和双排扣西服，这种搭配方法在世界上被公认为是高雅、经典的化身。

B. 方领型

方领型衬衫两边领子的尖端部分分得很开（国内俗称“八字领”），领部呈方形，几乎横向分开。适合脸型偏窄的男士穿着，有帮助脸型显得饱满的作用。这种领型的衬衫适合与传统式西服、非成套式西服及讲究的便装（不打领带）搭配，属于在一般情况下穿着的衬衫。

C. 标准领型

标准领型衬衫的领子是将尖领型和方领型的款式特点揉合在一起，既不太方，也不很尖，其适合穿着的人群很宽泛，对于没有过多时间和精力挑选服饰的人士来说是最方便的选择。此类衬衫在公务场所及社交场所中比较常见，适合与公务西服、非成套式西服及考究的

便装搭配，属于能上能下、在多种场合可以穿着的衬衫。

D. 扣领型

扣领型衬衫的领角部位上有扣眼，领子形状偏大，接近尖领型的样式，西方称做“办公室衬衫”。可以打领带穿着（一定要系好领角扣），也可以不打领带穿着。扣领衬衫不适合在最正式的社交场合中穿着，在一般的职业时段、半职业半休闲时段、休闲时段中，适合与职业西服、非成套式西服、夹克等便装搭配。春秋季节穿在毛衣、毛背心里面，或内配圆领、高领、V 领短袖针织衫作为外衣穿着，会显得十分潇洒、倜傥。

搭配锦囊

大家在挑选衬衫时，应注意以下小常识：

◇ 一般来说，衬衫的颜色应该比西服的颜色浅。

◇ 购买衬衫的时候，要选择密织的牛津衣料和细平布料。

◇ 要避免闪亮、半透明的衣料，也不要选择波浪条纹以及提花、花朵、佩斯利涡纹图案和褪色的图案。衬衫带有字母标记时，字母的颜色应与衬衫相同，而且应该缝制在衣服的袖口处。

◇ 要保证你的衬衫在领口、后背、胸膛和胳膊各处都贴身、舒适。

◇购买衬衫的时候，一定要挑选 100％纯棉或者 35％～40％涤纶、65％～60％棉质的质地。纯色的衬衫最容易与其他衣服搭配，尤其可以考虑白色领口、袖口的纯色衬衫。衬衫中最好有大量的白色、蓝色或细条纹衬衫，质地最好是牛津布料或细平布料。当然，它们的数量和种类完全取决于个人的喜好和自己希望塑造的形象。

◇ 衬衫的纽扣要简单，最好是白色的。在众多的颜色中，白衬衫、条纹衬衫、格子衬衫较受人们的青睐。

◇ 选择粉色或者淡紫色衬衫的时候一定要慎重，尤其是当你周围有人会对这些颜色产生误解的时候。

T恤衫——最为实用，好搭配

T恤衫款式很多，常见的有T恤、针织衫、高领衫、POLO衫、圆领衫、V领衫、条纹衫、主题衫等，款式不同，风格与韵味亦不同。白色T恤给人以清新感，它是最为实用，好搭配的服装之一；POLO衫特有的休闲、运动气息，让穿着者显得精神奕奕，活力十足；柔软度较高的针织衫，能表现出女性温柔妩媚的气质。

◎ T恤

T恤的样式很多，如圆领T恤、V领T恤、翻领T恤、无袖T恤等，它们在款式上的差异很小，但在颜色与图案设计上却各自拥有多样化的服装表情，其中白色T恤独有的清新与休闲感，能使衣着感觉更加轻松而广受欢迎。

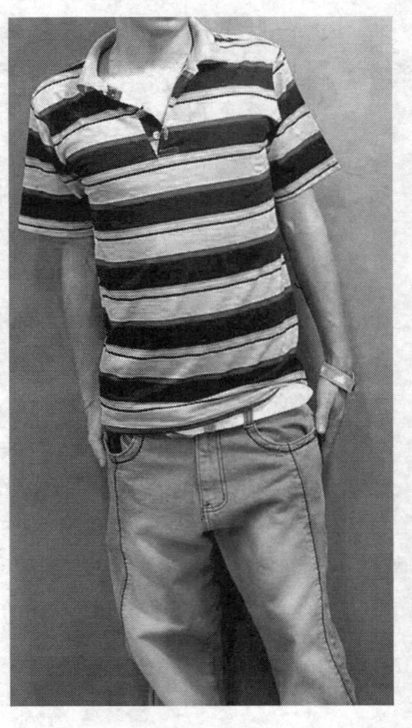

T恤衫的搭配范围非常广泛，与套装搭配可以冲淡套装的严肃和刻板，与牛仔裤搭配则使人显得很休闲，给人平易近人的感觉，与款式时髦的西装或者其他样式时髦的衣服搭配则别具一番风味。与其他搭配方法相比，其还是最适宜与牛仔裤、丝光卡其布男裤或者短裤搭配。

如果你不想不断地购买新的T恤衫，那么，你就应该首选深蓝色、天然白色或者黑色的T恤衫，这些颜色都是原色，永远也不会过时。

需要注意的是，肩宽、长度、以及腰身宽幅是选择T恤的关键，无论上

衣大小，若是肩线超出肩膀太多，会显得比较没有精神；如果过于窄小，则活动难免局促不便。

◎ 针织衫

针织衫具有较好的柔软度，在视觉上使人觉得温和内敛，因此和其他服装搭配，可增加衣着者的稳定性，化解形象的冲突感，从而充分衬托出女性温婉典雅的气质。并且，在材质方面，由于针织材质具有良好的透气性，延展弹性，以及柔软度，穿起来较为舒适通风。

针织衫无论是穿在套装里面，还是在休闲日单独穿在外面，它都像得力助手一样不可或缺。一般来说，最常见的针织衫有以下几种：

A. 圆领针织衫

它最适合穿在花呢上装里面，或者单独作上装穿。圆领针织衫罩在有领衬衣上穿时，衬衣的领子应该在针织衫里面。上班时避免在圆领针织衫里面穿太大或太臃肿的衣服。

B. 马球衫

它是马球衬衫的毛衣版。当扣上所有纽扣，代替衬衫穿在上装里面时，效果极其优雅闲适。敞开纽扣，里面穿上一件 T 恤，看上去更有运动气息。

C. 束腰毛衫

这种套头衫通常由肩部直贯而下，长及大腿，与配套的细长形长裤一起穿时，显得线条明快、优美而不乏庄重（切忌：臀部不要绷得太紧）。

D. 高领针织衫

领高约 13 厘米。只要不是太贴身的套装，高领毛衣都可作为衬衫理想的替代品穿在里面。如果你不喜欢颈部有簇拥的感觉，可以把毛衣的高领对折，或戴一个高度比真领低的假领。

E. V 型领针织衫

在所有 V 型领针织衫中，只有领口开得较高的针织衫可以里面不罩任何衣服单独穿着去上班。

◎ 高领衫

高领衫所具有的较柔性的休闲感，会降低整体服饰的尖锐与冷淡，因此在寒冷的秋季里，穿上高领衫，会让人感觉温馨而有安全感。

裙装或裤装是高领衫的搭挡，宽松的羊毛高领衫与紧身长裤或牛仔裤搭配，给人轻松舒适的休闲感；合身的棉质高领衫则散发出优雅温婉的气质，能够搭配任何裙子或裤子，十分实用。

在穿高领衫时，需要根据自身的优缺点来选择，比如脸部较大者，选择深色高领衫外搭开襟的 V 领线衫，可达保暖及修饰脸型的功效。脖子稍短者禁忌穿半长不短的圆领衫，以免使颈部显得更短。

时尚锦囊

◇ 按照传统的着装准则，不能把 T 恤和西裤搭配起来穿。但在当今，高雅的 T 恤衫可以和款式时髦的西装或者其他样式时髦的衣服搭配起来穿。

◇ 一个身体强健的人穿上 T 恤衫效果非常好，而一个脖子细长、肩膀干瘦的人穿上这种没有领子的衣服，则会显得更加瘦弱。

◇ 用于加工 T 恤衫最好的原材料是百分之百的棉纱，因为穿上纯棉的 T 恤衫会使你的皮肤感到特别舒服。

裙子——女性性别的象征

裙子在女性服装里扮演着相当重要的角色，它既是女性性别身份的象征，也是展现女性风采的最佳方式。

裙子有长短之分，风格亦不同，穿着长裙的女性，通常会给人优雅迷人、内敛保守的感觉，它不仅能使服装的调性趋于沉稳，也可以修饰不够完美的臀腿线条，例如腿形不够漂亮、双腿长度略短等缺点。而短裙则能展现女性腿部优美的线条，看起来年轻，充满活力；短裙外若再搭件长毛衣，将可增添几许成熟稳重的韵味。

常见的裙子款式主要有如下几种：

◎ A 字裙

在诸多短裙款式中，A 字裙要算是运用最广泛的款式。由于下摆宽松，故可掩饰腿粗、臀部大等身材上的小瑕疵；如果你的小腿也不甚完美，则可挑选长 A 字裙掩饰一切。

购买长裙时，要注意裙子长度与裙摆的宽度，尤其款式需配合自己体型；其最适合的长度在小腿肚下 5 厘米的地方。

A 字裙的面料应具有良好的垂感。反之，太僵硬、太重的面料的裙子看上去似乎它自己就能站立不倒。

值得注意的是，臀部扁平的女性不宜穿着 A 字裙，并且在穿 A 字裙时，尽可能穿着与裙子同一色系的鞋袜，这样会使整个人看起来高挑一些。此外为了避免看上去不匀称，穿 A 字裙时，上身应穿腰部明显的上装。

◎ 窄裙

窄裙能够清楚勾勒出腰臀的曲线，是相当有女人味的服饰。不过如果身上的赘肉太多，窄裙就会让其无所遁形，因此对于臀部太大、臀部下垂等对自己身材没有信心的人，则不宜轻易尝试。

购买窄裙时，需注意腰臀之间的线条角度是否平顺、吻合；且腰围的宽度适当，这样才能找到真正合适自己的款型。

臀围与腰围比例失调的人不宜选择长窄裙或一片裙，而小腿比例不长的人，应避免穿着中长度的窄裙。

◎ 百褶裙

百褶裙的褶子给衣服增添了视

觉上的趣味，不同款式的百褶裙有时能突出身材的优点，有的却强调了体形的缺陷，因此在购买百褶裙时需要选好款式。

长、短款式的百褶裙，味道与风格亦不尽相同，短裙看起来活泼俏皮，洋溢着青春的气息；中长度的百褶裙则穿起来成熟高雅，散发出庄重的贵气。

值得注意的是，由于百褶裙的缝折会令腰部看起来丰满，因此腰粗或小腹微凸的人应避免，以免有反效果，较适合腰细的女性穿着。

◎ 直筒裙

直筒裙是腰部、臀部贴身的一种经典款式，可与任何上装搭配。上装搭配无论是长的还是短的直筒裙，都使身体轮廓苗条颀长。

为适应不同的身材特点，直筒裙有较宽松、前面有褶的式样和无褶平面式样等不同类型。直筒裙的变异品种有：喇叭裙和铅笔裙。喇叭裙是在距裙腰 2/3 长度处呈喇叭状展开的一种筒裙。铅笔裙是一种极端笔直的筒裙。对多数办公室女性来说，这种太紧的铅笔裙都不适合。

◎ 连衣裙

连衣裙是女性最常穿的衣服，也是女性衣橱中的主要服装，其穿起来比较简单大方，只要套上它，立即就可以出门。

深蓝色、中级蓝色、红褐色、浅灰色、棕灰色、暗褐色、黄褐色、灰色连衣裙最适合在办公室工作的女性，此外，职业妇女也可以穿着细条纹、格子花、粉笔条纹的连衣裙去办公室。会晤重要客户或参加各类会议时，不妨在连衣裙外套上夹克，这种打扮显得体面大方。

连衣裙的款式主要有外套式连衣裙、衬衣式连衣裙和紧身连衣裙三种。

◎外套式连衣裙

自从 20 世纪三十年代以来，外套式连衣裙一直是裙中的经典，是最保守的一种裙装款式。它通常有明显的腰部，在不经意间展示着女性特有的娇媚，尤其是暗色的外套式连衣裙使女性显得庄重威严。

◎衬衣式连衣裙

这种连衣裙应选择细长、干净利索的式样，看上去应是一件有衬衣风格的裙子，而不是一件企图当做裙子穿的衬衣。适当的面料范围很广，从坚硬结实的布料到更具垂感的布料，都可以。

◎紧身连衣裙

它能使每一位女性看上去都有纤纤细腰。与上装搭配穿着是上班族女性的最佳服饰。而与其相近但不太适合上班穿的宽松直筒连衣裙下摆则呈 A 字型展开，没有明显的腰部，因此衣料不那么贴身，而是显得松垮垮的。

时尚禁忌

职业女性穿着连衣裙应当注意以下几个方面：

◇ 淡紫色、粉蓝色、粉红色、紫色、鲜红色、鲜黄色、绿色、浅红褐色、橘红色连衣裙最不适合在办公室穿着；鲜黄色、橙色、灰色、绿色、淡紫色、深黄色连衣裙则最不讨男人喜欢。

◇ 太薄、太露、太紧身，或前胸后背露得过多的连衣裙是不适合在办公室穿着的，更不适合在会议场合中穿着。

◇ 用闪光发亮的、行动时发出声音的材料做成的连衣裙，不适合办公室穿着。

◇ 肩上有笼头一样的连衣裙，或肩上有其他装饰的连衣裙，不适合在办公室穿着。

◇ 粗布斜纹或灯芯绒做成的连衣裙，也不适于办公时穿。

◇ 职业妇女应避免穿印上花草、小鸟、船之类的连衣裙，以及印上抽象派作品的连衣裙，否则会让男性们认为其装模作样和缺乏能力。

◇ 花卉图案的连衣裙效果极差，职业妇女们在社交场合应避免穿着。

◇ 如果你只想当秘书或保持秘书职位时，才能穿着浅淡的和鲜艳的连衣裙去上班。

裤子——款式越简单越好

近年来，长裤颇受女士们的欢迎，一条称身合体的长裤穿在年轻女性的身上，确实平添了几分潇洒气质。

购买长裤的原则是款式越简单越好，宁愿选择适合自己体型的裤子，也不要因为追逐时尚和流行而采买新潮不合穿的款式。但无论选择什么长裤，最重要的是要找出适合的裤长，试穿裤子时应穿上中低跟的鞋子，长度要恰好落于鞋跟上，如此穿着时才会显得利落而有精神。

裤子的种类繁多，爱美的女性应根据自身的情况选择适合自己的裤子。例如：裤脚管有翻褶的长裤适合身长高挑的女性穿着，如果你身高不足 160 厘米，最好别轻易尝试；臀部较大的女性，就不妨选择裤管略呈袋状的老爷裤，最好在屁股后方不要有口袋，如此能减轻不少臀部的负担；高腰的裤子能显得两腿修长；低腰的款式则可以展露出优美的腰腹风采。

此外，最好不要选择易皱的裤子，否则一天下来，很可能裤子已经

多了很多皱褶，有碍美观。

比较常见的裤子款式有：

◎ AB 裤

AB 裤的裤管宽度，会由大腿自小腿处慢慢顺势变窄，有的还会在裤脚处做翻褶的设计。由于其线条属于窄型的，所以穿起来可以造成双腿比较修长的视觉感。

一般上班族的长裤式套装，有不少采用 AB 裤，因为线条利落的 AB 裤套装，看起来会很有朝气，也容易留给他人工作有效率的好印象。并且身材较瘦的女性，穿 AB 裤可以让人看起来更清秀，而身材较胖的女性，穿着 AB 裤，也会有拉长视觉线条的作用。

◎ 直筒裤

直筒裤算是长裤中最为普遍的款式，其中又可分成大直筒、中直筒与小直筒三种不同宽幅的裤管。其简单的线条表现，很容易与其他衣服配合。

直筒裤的穿着，并没有一定的限制，可以凭个人的喜好来挑选，通常身材较瘦小的人，可以选择中直筒，看起来才不会显得瘦弱；此外，有些骨架较大的女性，穿着宽直筒裤时，会显得更加高大，所以应该避免穿着，以免暴露出自己的缺点。

虽然直筒裤的线条简单，但并不见得人人都适合，如果是臀部较大的人，穿起来会显得有点臃肿。

◎ 喇叭裤

受到复古风潮的影响，几乎每隔几年，喇叭裤都会重新站上流行的舞台，成为时尚的代言者。

以线条表现出大腿的曲线之美的喇叭裤，一直是很多双腿修长之女性朋友的最爱，很少会有人可以抗拒喇叭裤的魅力。由于喇叭裤的裤脚处较宽，可以遮盖住鞋跟，因此总是希望能多长几厘米的女性，不妨选择裤管比较长的喇叭裤，再搭配一双厚底鞋，不但会让双腿看起来更修长，也可以增加实际上的高度。但大腿较粗的人应避免选择强调大腿线条的喇叭裤。

搭配锦囊

◇ 上好的毛料是职业女性非正式场合中的最佳面料选择，适合于逛街购物或冷天步行时穿着。同时，这两种质料的长裤也是中等阶层妇女参加非正式聚会的适宜服装。

◇ 不要购买裤腰超过腰围 4 厘米以上的长裤。

◇ 试穿长裤时，应该让其能在臀部、腰部和坐着的时候都很合适，千万不要太紧。

◇ 检查长裤外形有无下陷松垂或鼓胀的现象。

◇ 垂在鞋上的裤口有无漂亮的斜度伸延至后方。

毛衣——深具女性魅力的服装

毛衣是深具女性魅力的服装，凡是穿着毛衣的女性多少都会透露出性感的气息。比如穿一件柔软的套头毛衣，会使一位身材好的妇女吸引众多男性的眼光；白色毛衣外面套上一件红褐色镂空花开式毛衣，会令你显得清新秀丽，适合非正式的朋友聚会时穿着；去看望长辈时，白色中袖连衣裙外面套上一件卡司米编织的毛背心，这样会显得淡雅纯朴，成熟而高雅。

适合在办公场合穿着的毛衣，以两件式毛衣、简单合身的套头款式为佳，应避免穿过长、过宽松、或是休闲风格的毛衣，因为这样的穿着会使你看起来不够利索。

但是在凛冽的冬天，毛衣不仅是舒适轻柔的衣着，还能御寒、保暖，不过如果想要遮挡刺骨冷风，就必须在毛衣中加件衬衫，或于外再

加件风衣，这样才能完全阻隔风寒入侵。

毛衣的款式分为两件式毛衣、套头式毛衣和开襟式毛衣三种。

◎ 两件式毛衣

两件式毛衣适合在春秋时节穿着，在令人难以适应的忽冷忽热的天气里，两件式毛衣进可攻，退可守，从而解决穿脱之间的烦恼。

两件式毛衣比一般上班服装要来得轻松，但是在工作时穿着却又不会显得失礼随便，是用途颇为广泛的实用型衣着，下半身不仅可穿着短裙或长裤，休闲时亦能与牛仔裤一起搭配。

在颜色上，毛衣宜选择色彩明朗清爽、容易搭配的色系。

购买时应注意衣服肩部要恰当平顺，领口部分要自然对称。

◎ 套头式毛衣

套头式毛衣是毛衣类中最普遍的款式，无论是圆领、V 领、或是高领，都是寒冷天气中最佳的保暖服装。

在购买时需依据脸型、身材来选择套头式毛衣的款式，脸大或脖子短的人，较不适合呈现脸部利落线条的高领毛衣；脸型瘦削的人适合穿圆领式套头毛衣；脸型方圆的人则适合穿 V 领；脖子畏寒、颈项较长者最适合高领式套头毛衣。

此外，套头式毛衣若搭配衬衫一起穿着，在御寒挡风上会有更好的效果。

◎ 开襟式毛衣

开襟式毛衣也是相当容易搭配的服装，搭配衬衫与长裤，增添女性既潇洒又轻松的气息。

开襟式毛衣的颜色，基本上以黑色、灰色系的色彩最为实用，最佳速配组合为白衬衫和牛仔裤，这样的搭配能表现出简单的知性风格，充满了年轻活力。除此以外，开襟式毛衣与其他服装一起穿着，也一样协调而不冲突。

时尚禁忌

◇ 套头毛衣加毛背心都不适合女性工作时穿着。套头毛衣会让人觉得你来自中下阶层，毛线背心则会使你身材毕露，而消解你的权威感。

◇ 购买毛衣时，必须注意身型与腋下的宽幅是否足够添加其他衣物与自由活动；材质上还是以天然的纯羊毛为上选，切忌为贪小便宜，购买布料低劣又容易变形起毛球的产品。

旗袍——体现出婀娜多姿的女性美

旗袍是中国女性着装文化的典型标志，它不仅在整体造型的风格中符合中国艺术和谐的特点，同时又将具有东方特质的装饰手法融入其中，其独特魅力在于它所包含的文化内涵，因此能在中国民族服装中独领风骚，久盛不衰。

今天我们穿的所谓“旗袍”，不能确定仅仅是满族服装的传统款式，它是中华多个民族服饰文化的融合。它源自古代蒙古系游牧民族女子的袍服，至清代满族承袭了这种服装。满族入主中原后，实行的是八旗制度，凡编入旗籍者，都被称为“旗人”。旗人所穿之袍被统称为“旗袍”。后来则将妇女的家居之袍称之为“旗袍”，“旗袍”便成了专用名称。

近年来，在宴会、颁奖、做秀宣传时，只要有中国人在，你就不难看到旗袍的影子。从2000年戛纳电影节上身着中国红色旗袍礼服的巩俐，到电影《花样年华》中身着旗袍的张曼玉，亦柔、亦忧，举手投足间东方女性的婉约被淋漓展现，这之间除了个人气质之外，自然不能抹煞旗袍的独特魅力，特别是当东方的女性身着旗袍时其端庄、典雅、温婉的中国气质被体现得更为充分，展示出东方女性体态的娇美和玲珑的曲线……

下面介绍几种不同风格的旗袍，供有兴趣的女士选择参考：

◎ 选用小花、素格、细条丝绸制作的旗袍，可表现女性的温和、稳重，适合女士们参加非正式的聚会穿着。

◎ 织锦类质料制作的旗袍，是最适合女士们参加各种高级宴会，或其他正式场合的华贵礼服。

◎ 中年妇女最好选择深色的羊毛绒、丝绒制作的旗袍，它不仅表现出庄重、雅致的风格，同时又显示中年职业妇女的丰满。

时尚锦囊

如何穿出旗袍的独特神韵，使你成为万众瞩目的东方美女，请参考以下建议：

◇ 不管你的个子高矮，选择齐小腿的款式比长及脚面的要轻盈得多，也给漂亮的鞋子更多的发挥余地。

◇ 整个服装设计界的竞争焦点都对准了面料，因为旗袍的款式基本固定，成功与否更在很大程度上决定于面料。到一些特色店或者商店的丝绸柜台购买，虽然价钱贵了些，却不会让你看上去像个乡下新娘。

◇ 别以为旗袍只能搭配盘成一个髻的发型，虽然安全，却未免有些保守和过时。干练的短发女性尽可以尝试高领旗袍，现代的搭配美学强调的就是一点点刻意的不和谐。

◇ 珍珠项链、玉镯是旗袍的传统伴侣，但最新的伙伴是小巧而璀璨的名表，和怀旧的旗袍撞击出时代感极强的火花。

◇ 不要在商场里购买流水线上下来的成品，到有设计师挂牌的中式特色小店去吧，他们不仅有独特的面料、合身的剪裁，最重要的是不会撞衫的创意设计。

大衣——职业妇女们须仔细选择

大衣是每个人衣橱里必备的服装，一位女性学研究学者说过，男人们如果对匆匆走过的女性只瞥视一眼，他们就能准确地猜出这些女士的职业和受教育的程度。原因是他们抓住了每个人服装表现出来的身分与地位的讯息。长大衣有时候是惟一说明身分和地位的衣服，因此职业妇女们必须仔细选择你的大衣。

◎ 如果你只打算买一件冬天穿的大衣，最理想的颜色是浅棕色

的，这是惟一既能产生权威感又能产生女性感染力的大衣。穿上这种大衣的女士会被认为是一位社交和事业上获得成功的人。

◎ 职业妇女也可选择中灰色轻领长大衣或深蓝色、暗棕色双排钮扣、背部有皮带的大衣。

◎ 毛皮大衣是女性社交场合最理想的大衣。但毛皮大衣有极强的内在消极作用，因为不少人认为，文明时代穿着毛皮大衣的女人是残酷、愚笨或是赶时髦的无知者。所以，职业女性不要穿着毛皮大衣走进办公室。

◎ 在既具有社交性又具事业性的社交场合，你可以穿着一件上好的貂皮大衣。

◎ 最令人满意的长大衣是毛料，或看起来像毛料的面料制成的，它能较好地为你的事业的要求服务。

◎ 体重超过正常 20%以上的妇女，应该避免穿双排钮扣的大衣，坚持选用单排纽扣式样的。

◎ 不要选择腰部紧细像连衣裙似的大衣，也应该避免太讲究或看起来像睡衣似的大衣。

◎ 多余的口袋、华丽而俗气的钮扣、扣形装饰品或其他添加物，往往使大衣显得低级，穿着此类大衣的女性会被人看作追求时髦的乡下佬。

◎ 大衣的长度应当超过连衣裙或套裙。如果裙长得拖到了地面，那么我们建议你不要穿大衣或裙子。

风衣——展现潇洒、靓丽的神采

风衣，英文称之 TrenchCoat，也称 RainCoat，中文直译为“风雨衣”或“干湿褛”。

关于风衣的历史：在第一次世界大战期间，ThomasBurberry 受英国军队委托用他发明的 Gabardine 防水密织斜布设计制成军用大衣，因其轻巧保暖透气防水，被将士们视为救命装备。TrenchCoat 的名字，源自 1914 年爆发的 TrenchWarfare 之役。一战结束后，军人退伍重建家园，将原来的军用大衣剪短，方便日常穿着，不经意将 TrenchCoat 在民间发扬光大，演变成四季可穿的时装经典。在那个时代的战争爱情故事中，风衣也扮演了不可或缺的角色：脍炙人口的电影《卡萨布兰卡》中男女主角话别的经典片段，男主角 HumphreyBogart 翻起风衣衣领的穿法日后被广泛模仿。这种介乎战争与浪漫之间的见证，一直延续到新世纪。

风衣具有挡风、保暖的作用，同时也是很优雅的上班穿着，能展现潇洒、靓丽的神采。风衣是秋冬不可或缺的配件单品，也具有很实用的搭配效果。

◎ 样式与颜色

尽量选择简单大方的样式，且不会过时的传统式样最佳。颜色上尽量考虑可以与各种衣服搭配的颜色，如米色、灰色、咖啡色或黑色等，都是很容易与其他衣着搭配的风衣色系。

不妨学习英国女性穿着风衣的风格：选择格纹的风衣或简洁大方的素色风衣，加上一条贴身的长裤，便是典型的英国女性风衣穿着风格。

特别是素色风衣能搭配各种衣着，如卡其色风衣，黑色、墨绿、深紫、深蓝以及酒红等厚重色系的风衣。另外，如柠檬黄、粉红、苹果绿等颜色靓丽的风衣，也都是极好的搭配单品。

◎ 搭配与造型

春夏季节中，在中长风衣里穿出非常美丽的风采。穿着风衣的秘诀在于呈现×型式，只要将风衣的腰带扎起来，便能呈现出女性腰部的美丽曲线。

运动装——显示健康而富有朝气

在休闲时间里，运动装是必不可少的服饰。随着户外运动的不断普及，运动装可以帮助女性显示健康而富有朝气的一面。实际上，随着人们交际、活动空间的拓展，运动装已不仅仅限于运动时穿着了。穿上一套活泼大方、宽松舒适的运动服，既可以在运动场上驰骋，也可与朋友一同去郊游、登山或逛街购物。因此，女性朋友不要忘了在衣橱里准备一套运动装。

在搭配方面，可以运用运动服装的单品，来搭配休闲服装，如灰色

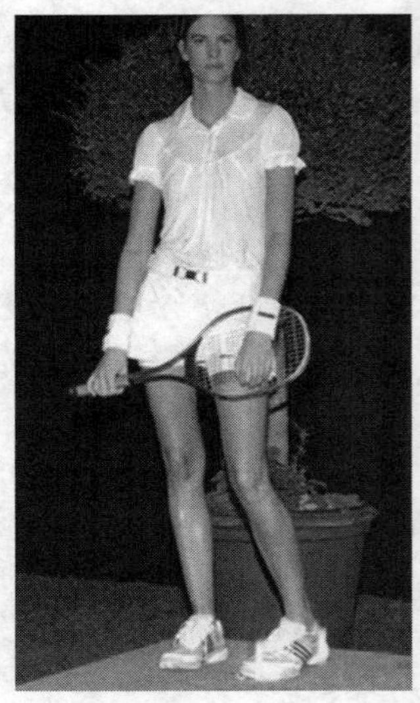

的运动长裤来搭配黑白条纹的 T 恤，上面罩上黑色的休闲短夹克，下面穿上白色的运动鞋，如此就能展现休闲的风格了。

在搭配运动装时应注意以下几个方面：

◎ 在绿草如茵的网球场上，一定要穿上白色的网球装，它必须在膝盖以上 7～10 厘米处，同时不能极薄或过紧。

◎ 高尔夫球场上，女性的标准服装是适合活动的高尔夫裙和上衣；不要穿那些看起来像是廉价品的运动装，或在胸前挂上乱七八糟的饰物。天气冷时可穿一件轻便的尼龙夹克。

◎ 划船和乘游艇时最适合的运动装是丁尼布制作的，上好棉质且色彩鲜明的衬衫效果也不错。

◎ 女性骑马的最佳装束是马裤和一件上好质量的上衣，但不要选择粉红或浅黄色。

◎ 滑雪衫只要求轻巧舒适即可。

◎ 击剑衫最好选择涤棉全线府绸，色泽以米黄、米色、浅棕较好。

时尚锦囊

随着人们健康意识的增强，习惯参加体育运动的朋友的衣橱中，都会备有运动服装，甚至有的人在非运动时间里也会常常穿运动装。穿运动服装会显得人年轻、健康、富有朝气。

三、社交着装饰物的佩戴

饰物的作用在人们的眼中也许无足轻重，但它们对人的穿戴的整体效果产生决定性的作用。例如，穿着一身名牌高贵的衣服，却背了个运动包，会让人觉得很不协调。因此，适宜的各种饰物，不仅可为整体服装效果加分，若搭配得好，还会体现出个人的个性与品味。不论是鞋子、皮包、抑或领巾、手表及首饰，都可灵活搭配出丰富的衣着变化，让你的穿衣风格不再一成不变，而能从小细节中看出个人的品味风采，让周围人更对你刮目相看！

饰物最独特的地方在于它可以改变整套服饰的品味，令它们显得或更休闲，或更正式，或更具有运动气息。但饰物最大的吸引力更在于你无需花费更多的钱就可以使一般价位的西装或单件成衣显出高贵的品味。

首　饰

首饰与脸型

二者有着密不可分的关系，不同脸型的人只有佩戴与之相适应的饰物才能彰显出美丽，如果搭配不当，反而会弄巧成拙。

人的脸型有很大差异，有人脸圆，有人脸方。有人长着讨人喜欢的瓜子脸，有人则长着难修饰的菱形脸，另外还有三角形脸、鸭蛋脸等等。一般来说，在选择手链、戒指、发夹之类的首饰时与脸型关系不大，但在选择耳饰、项饰时，与脸型搭配的意义就非常重要了。

耳饰与项饰的佩戴居于人的头部与颈部，十分显眼，耳环的色彩与造型如果与脸型巧妙地配合，可令人容光焕发，给脸部平添光彩，同样，项链在改变脸型、颈部和创造期望的效果方面也有很大作用。因为人的视觉在项链色彩的影响下，会改变对脸部肤色的感觉。利用这种视觉和错觉的原理来正确地选择与佩戴项链可以获得令人满意的效果。

◎ 圆形脸

圆形脸不宜佩戴过于规则的圆形和正方形耳饰。因为耳饰的小圆与脸型的大圆形组合在一起，会加强圆的印象；正方形与圆脸型会产生强烈的对比，不仅会破坏整体的协调感，而且在方耳饰的衬托下使脸型更圆。

圆形脸佩戴无坠耳饰时不宜过大，色彩也不宜过浅或增加脸部的视觉宽度。佩戴一副晶莹闪耀的单钻、三钻、耳插或洁如皓月的珍珠耳插，一来其体积小不会增加脸部宽度，二来闪闪发光易让视觉集中在中部，不会使脸显短，并能表现出温文而雅的含蓄之美。

圆脸型比较适合佩戴近似圆形、菱形、长条形、花形、几何形耳饰，

如果佩戴有坠耳饰，可以利用耳坠的垂挂所形成的纵长度，使圆脸的外轮廓有所改观，如垂珠式耳饰可在视觉上产生纵长下垂之感，削弱了脸圆的印象。

此外，大小不等长条状的耳饰坠，对改变脸型的圆线条很有利，若加上前额部高耸的发型，增加头部的高度，使整个头型呈理想的椭圆形，可表现出温柔、成熟女性的特点。如佩戴大小不一的形状、造型各异的组合耳坠也有利于改变圆脸的线条，耳垂部分的小花型，通过三粒珠子连接下面花式坠，显示了耳饰豪华和时尚的都市风格。总之不应佩戴那些宽大的有横向扩张感觉的耳饰，应佩戴轻巧、纤细型首饰。

圆形脸不宜戴项圈或者由圆珠串成的胸链。过多的圆线条不利于调整脸型的视觉印象。在选择链坠时也应该尽量避开圆式样的，尽量佩戴一些长条形、三角形等有长度的饰物。圆脸型的人如果佩戴挂长一点的带坠子的项链，可以利用项链垂挂所形成的“V”字形角度来增强脸与脖子的连贯性，以使脖子的一部分与脸部相接，使脸部的视觉长度有所改变。选择项链时不宜过粗过短以避免强化弱点。

◎ 长形脸

长形脸的人不宜佩戴细长型耳饰、长坠耳饰，这种耳饰在视觉上会使人的脸显得更长。圆式大耳环和短坠耳饰有利于长脸型印象的改变。

此外，长脸型的人不宜戴长项链或有坠子的项链，因为项链下垂后形成的长弧状，给人一种冷漠的感觉。也最好不要戴黑项链，因为它显得过于冷峻。如果戴上浅色的闪光型的项链，可以使面部显得丰满并添几分活跃的气息。

◎ 方形脸

方脸型不宜佩戴生硬的几何形耳饰，因为它们的线条、造型与脸型上生硬的线条十分接近，容易加深方脸的印象。可以选择椭圆形、卵形的线条圆润的耳饰使脸上的轮廓显得柔和些。此外，也不宜佩戴与下巴齐平的有坠耳饰，因为方脸的腮部有一个较大的转角，使脸的下半部分偏宽，如果再在两边加上与下巴齐平的耳饰就使整个头部的下半部分显得宽厚而臃肿。

方脸型也不宜佩戴大荡环，因为荡环荡来荡去，会加强腮的宽度。方形脸可以选择贴耳式耳饰，造型可以是心形、椭圆形、花形、不规则几何形、螺旋形等线条流畅的耳饰。利用耳饰的形状、色彩、光亮度形成的扩张感来掩饰颌线，以此减弱下巴的宽方之感。

方脸型除了利用耳饰改变人的视觉形象外，还可以利用颈部选佩两端细、中间大的胸花或配挂坠的项链，利用颈中部的装饰使下半部脸型产生圆状感。项链可以长些，下垂弧大些，产生改方为圆的视觉效果。

◎ 菱形脸

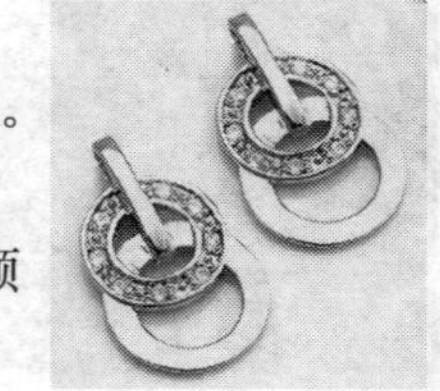

菱形脸特点是额部窄小、下巴尖瘦、颧骨宽大。要改变这种脸型单纯靠佩戴首饰还不够。

首先，要利用发饰来增加额部的饱满度。因为额部增加了宽度和丰满度，可以减弱高大颧骨的印象。

其次，耳饰与项饰的点缀与修饰能使下巴有所改观。由于颧骨和下巴的外轮廓呈倒三角形，因此，要避免戴倒三角形的耳环，因为外形的相似会加强脸型的缺陷。

菱形脸不宜佩戴贴耳式、坠式大耳环。这种类型的耳环容易使颧骨显宽。如果戴贴耳式应选择细小的珠形、圆形的。菱形脸可佩戴造型圆润、色泽柔和的耳环。如花形，椭圆形、扇形、叶形等。带有坠子的耳饰，如两个大小不同的圆形组合，利用耳垂部的小圆，耳坠的大圆，可以使大颧骨尖下巴的脸型有所改观，而且以耳环造型的丰富、动感具有美感，增加尖下巴的丰满。

此类脸型的人在佩戴项饰时以较细的颈链为宜，并且不要佩戴带有尖锐形挂件的项链。

◎ 瓜子脸

瓜子脸是比较好看的脸型，给耳饰的佩戴留下很大的空间，属于适宜佩戴多种首饰的脸型。瓜子脸型对耳环的选择范围较宽，多种耳插、圆形、三角形耳饰等均可使用，并使人显得优雅、恬静。尤其佩戴水滴形耳坠、吊钟形耳坠、扇形耳坠等上窄下宽的造型恰好填补脸颊两侧空间，使人显得活泼、潇洒。并且利用下巴两侧耳坠的形态色泽，引导别人视线左右横向移动，使尖削的下巴显得丰满。

但是，无论是贴耳耳饰还是耳坠，造型和垂吊的坠都不宜过大、过重，否则，过大的造型使颧骨部分会由于大耳饰的装饰显得更加宽，下巴更尖；过重过大的垂吊的坠会与尖下巴的对比过于强烈，产生超重感。如果选择那些玲珑剔透、做工精细的薄型耳饰和耳坠，如耳垂上三粒钻石组成小三角形与下垂的吊坠的大三角形上下呼应，则会显得俊俏秀丽，洒脱自然。

瓜子脸佩戴项链的范围比较大，无论长短，粗细都较为相宜。但是，如果下巴过于尖削，佩戴项链时不宜太长，最好佩戴圆珠状的宝石项链，或佩戴细而短的项链，如马鞭链、方丝链、威尼斯链等。

◎ 椭圆形脸

椭圆形脸型比例匀称，对耳饰的选择有着很大的空间，可以佩戴单钻、三钻、梅花、珍珠等多式耳插，也可以佩戴圆形、方形、三角形、月牙形等各种异形耳环，但要注意所佩戴的耳饰大小造型、风格与自己的发型、服装协调一致，刚、柔、曲、直，尽量统一，而不可杂乱无章。

椭圆形脸的女性，选择任何式样的项链都是适合的，如果佩戴中等长度的项链，各种项链在颈上形成椭圆形状，会更加衬出脸的优美轮廓。

现在，国际上对脸型与耳饰造型的配合，有一个公认的规律：方脸配椭圆形耳饰，长方脸配圆耳饰，圆形脸配长条有棱角的耳饰，三角形脸配圆形贴耳式长条形耳饰，椭圆脸可以配任何首饰。

首饰与发型

发式可以改变人的形象、气质，并直接影响着消费者对首饰造型的选择。

不同的发型式样对首饰的妆饰效果较有影响。例如蓬松、披散的发式使人的头形变长变宽，这时首饰的造型就会有变小、变短的感觉；而短发、直短发或发式外轮廓不大、线条流畅的发式，会使人显得干练、精明，这时首饰的款式就要显得鲜明、亮丽。基于发式与首饰风格的相互映衬作用，讲求佩戴的艺术，就应该对不同风格的发式选择相应的耳饰、发饰配合才好。

◎ 长发的首饰佩戴

垂肩长发，使女子显得秀美而又俏丽，并给人一种自然、潇洒、返璞归真之感。这种风格发式可以选择造型夸张的几何图案或大环状的耳饰，强调古朴、自然的风格。若再配搭得体的项饰，更可增添情趣。

此外，头发亦有疏密之分，头发浓密者，宜选择短而细的项链，如方丝链等显得文静、丰富；头发略稀疏者，宜佩戴短而粗的双套链以及镶有少量宝石的花式链，显得漂亮、成熟。

◎ 中长发的首饰佩戴

中长发把高雅和随意恰到好处地给合起来，卷曲的中长发表现贵妇人的高雅；直发中长发式表现清纯少女的淡雅不俗。因此首饰的选择可以是豪华、贵重的镶嵌珠宝的

首饰，也可以是造型玲珑剔透的K金首饰。卷曲的中长发佩戴红宝石荡环和稍细的套链或子母链、福人链，表现俏丽、高雅、妩媚、柔和的风格。直发中长发式佩小翡翠耳插和马鞭项链、二锉链、方丝链等，显得清纯、俊美。

◎ 短发首饰的佩戴

短发显得洒脱、明快、新潮，充满青春的活力，洋溢着时代气息。可以选择造型生动、具有韵味的首饰，如上面镶有动植物、建筑造型的首饰。其中，薄发宜与粗而略长的项链相配，如长鞭链、子母链、威尼斯链，以及少量镶钻项链；厚发宜与稍粗的项链相配，可以佩戴串绳链、镶嵌翡翠、红蓝宝石的花式链等。

◎ 盘发的首饰佩戴

盘发妩媚含蓄，清丽可人。盘云绕雾的秀发有着东方神秘的意念，表达着女子庄重、典雅的高贵气质。此发式可以选择名贵的长串发饰插于发髻上，或嵌有珠宝的发夹。比如流露着东方梦幻般怀旧情调的扭纹的发饰，同时佩戴与之相协调的造型典雅的带坠耳饰相辉映。那么晚会中那个亭亭玉立、仪态万千的女子就能脱颖而出，并以东方的神秘情调而引人遐想。

◎ 束发的首饰佩戴

直发或卷曲的束发，简洁大方，这种发式可以选择传统的中国掐丝镶嵌工艺的动、植物造型，或几何造型的耳饰与胸饰佩戴。配上用以束发的华丽丝绸制作的如盛开的鲜花状的发饰，它与典雅、华贵的花丝镶嵌耳饰、胸饰相映成辉。如果在发饰的精致的花瓣中间镶上华丽的珍珠或色彩夺目的宝石，更会为柔美的秀发平添万种姿色。

总的来看，不论长发式、中长发式、短发式，从发式造型上看均有掩耳式和露耳式两种。掩耳式无论头发长短都掩住了耳朵，佩戴耳钳就不能露出来了，而带坠耳饰却可以露出。当脸部的掩盖部分较大时，佩戴的吊坠应该长一些。如果发式是不对称的只掩盖一只耳朵，外露的那只耳朵上戴上一只大而短的带坠式耳饰，与另一边乌发对称就可以了。

露耳式发型，因为耳朵裸露外面，因此佩戴耳饰时，即可以选耳插，也可以选带坠耳饰。如果是短发露耳式发型，可以佩戴大颗宝石独镶耳插；如果是长发露耳，可以佩戴带坠式耳饰。另外还应注意，头发少的吊坠宜小巧、轻盈；头发多的，吊坠宜大而华丽。

首饰与体型

首饰与体型也悉悉相关，如果身体各部位发育均衡，比例协调，体态健美，婀娜多姿，在首饰佩戴时，就可以做到"浓汝淡抹总相宜"了，但是，大多数人的体型并非十分理想，为了弥补体型上的缺陷，在佩戴首饰时就需要掌握一定的技巧了。

◎ 肥胖型

肥胖型的人选择的耳饰、戒指、手镯等以色调暗淡、造型简单简洁为佳，项链和挂坠的造型最好是长而细、大而多姿为宜。这类首饰明亮迷人，容易吸引他人视线，而对佩戴者的肥胖不太注意了。如翡翠挂件、串珠项链等。

但无论是哪种，切不可是短而粗的，这样箍住肥胖者的颈项，只能使脖颈显得更粗短肥胖。因此以长及胸下的胸链为好。

胖人因手臂和手腕较肥大，应选择宽而阔的手镯或臂环，又宜色调暗淡，不会引起横向视觉感而加深人的肥胖印象，因而宽而阔的手镯、臂环与肥胖的手臂、手腕显得相宜。胖人一般手指短而指头偏平，适宜佩戴窄边的镶嵌长蛋形戒面的戒指，以造成一种手指似乎长了些的感觉。若戴了细而小的，反令人觉得手臂更粗大，起不到美化作用。

◎ 消瘦型

这种体型的人在选择首饰造型时，应尽量淡饰中央而光彩两侧，以横线条、块状、面状为宜，颜色以浅、淡色为佳。细长的脖颈不宜佩戴细长型项链，因为它会使脖子的细长印象加深。要使脖子显得短些，佩戴项链、项圈选粗短形效果会好一些。若用细巧的项链加配挂坠，最好采用欧泊石、小红钻、孔雀石，以增补其文静纤柔之美。

而耳饰、戒指、手镯，应尽可能地华丽一些。双耳可佩戴有垂饰面积稍大的荡环（耳环），腕部佩戴稍粗的手镯，这样可以使双臂、耳及手夺人眼目，给人以横向视觉效果，看起来不会显得太消瘦。

如果长得太瘦小则应该佩戴小型而简洁的首饰。这种体型的人切忌将项链、耳饰、胸针、手链、腰带一起佩戴，即使是整套首饰也不可同时佩戴，因为瘦小的体型在众多的首饰装扮下显得更瘦小。颈部、腕部饰物最好不戴，佩戴耳饰、戒指、发饰，也以小巧为宜。如果要戴项链应该佩戴细的不带坠的项链。

如果又瘦又高，那么要注意，胸部平坦的适宜佩戴层叠式、富有图案结构的胸链或大而雅致的胸针，这样会将扁平的胸部加以遮盖。同时手部的饰物，如镯、戒指以粗线条为主。

◎ 偏矮型

此类体态的人选择首饰造型忌横向、方块、面状的，应该选用竖直、条状、片状、小巧玲珑的首饰，形状以简练、明快为宜，以冲淡硬气以增添纤柔感。宜佩戴细长的项链或带有链坠的项链，这样项链的“V”形线条所引起的视觉方向有下垂之感，就会使脖子有拉长的感觉。还应兼顾到项链造型不仅应该细长，还需简单、流畅；挂坠以选择淡雅的珍珠挂链为佳。戒指、手镯、耳饰应粗细得宜，以扬长避短，增强美感。过粗令人觉得矮胖，过细则又与其较粗的手指不相称。

◎ 偏高型

这种体型的特征是身材高大。这类人的打扮原则与清瘦型类似，应是光彩两侧，淡化中央。但应注意的是，项链宜粗而长，挂坠的造型要大而丰富，戒指和耳环上镶嵌的珠宝宜选择有主次搭配的，这与健壮的体魄更为相配。

首饰与肤色

首饰的色彩与人的肌肤颜色有着密切的关系，它的色彩与质感对人的肌肤起着重要的点缀作用。

一般来说，金发碧眼的白种人适合佩戴浅色调的暖色宝石，如粉红色宝石，像石榴石和芙蓉石；或冷色调宝石，像祖母绿、翡翠、绿松石、青金石。粉红色可以令肤色更加红晕，使人显得富有生气和活力。冷色调可以衬托出白皮肤人的秀丽和文雅。黑发、黑瞳孔的东方人宜佩戴暖色调的珠宝首饰，像红、橘黄、米黄色的宝石、石榴石、黄玉等，这样可以使黄种人的面部生动宜人。还有浓绿的翡翠、绿宝石亦与黄皮肤相称。中国人对珠宝的审美，按照一般规律，以首饰的颜色与肌肤同色为习惯，即肤色浅配浅色首饰，肤色深配深色首饰。

肤色白的人最好选用白珊瑚、象牙、水晶、橄榄石等浅色宝石的首饰，也可以选用深色调首饰，更能衬出肌肤洁白。

肤色黄的人，可选用琥珀、玛瑙之类的首饰，这样显得深沉、庄重。

肤色红的人，可选用浅绿、墨绿、桃红色珠玉首饰，显得人充满活力。禁忌用紫色、大红色、鲜蓝或鲜绿色的宝石首饰，像紫晶、红宝石、翡翠、海蓝宝石等，此类宝石会把脸衬得发紫。

肤色较黑的人，宜选择接近肤色的，如金绿宝石、紫水晶、木变石、青金石之类的首饰，它给人一种刚毅、挺拔之感；也可选择珍珠、钻石、象牙，来调和肌肤的颜色。

黝黑肤色的人，不宜佩戴白色、粉红色的宝石，因为这些对比强烈的颜色可以使皮肤显得更黑。亦不可佩戴

嵌有深褐色、黑紫色宝石的首饰，这种深色宝石制成的首饰，佩戴后会加深对脸色的印象。为了淡化皮肤的反衬作用，可以选用咖啡色、深米色等中间色调的宝石，如黄宝石等。

领　带

领带是西服的一个组成部分，是引起人们注意的中心焦点，它的重要性仅次于一个人的面部。英国 19 世纪著名的剧作家王尔德说："学会系好领带是男人生活中最严肃的一步，选择领带意味着一个男人开始建立自我个性，走向成熟的象征。"

领带的样式、图案及长度是否和谐可以反映出一个人的性格和习惯，美国形象设计师说："领带是展现你的个性的最好办法。你是保守的、花哨的、权威的、沉默的，还是严肃的个性，人们能迅速从你的领带中去领悟。领带是男人的概念和风格，是男人全身惟一最能表达自我的工具。"因此人们形象地将领带的风格称为"男人的第一张名片"。

◎ 领带结的选择及打法

单领结：单领结打出来的形状是偏于窄长的三角形。保守职场中从事法律、金融、保险等工作的人士适合选择这种打法，会表现出严谨、缜密、有条理及可信任的感觉。也可帮助延长男士的脸形和脖颈线条。

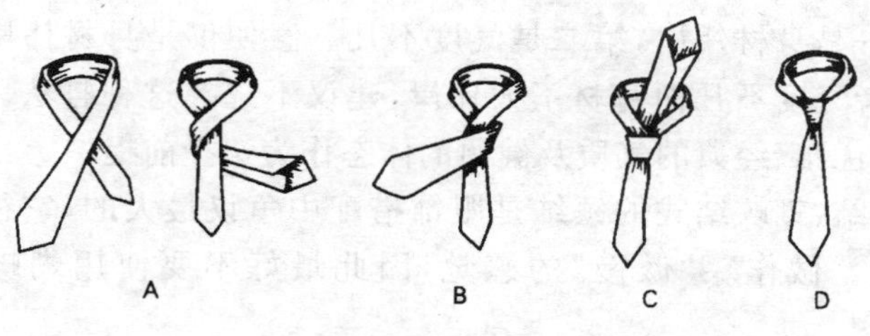

单领结的打法

使用单领结打法的领带，图案一般要选择简洁、单色、暗色的，带有明显修饰性图案的领带不适合打单领结。单领结的打法比较配合扣领型衬衫、尖领型衬衫。不能配合方领型衬衫、大领型衬衫,否则整体比例上会有失调的感觉。

双领结:双领结打得漂亮,呈现出的是不松不紧、饱满的等边三角形形状。在打领带时,紧挨着领带结下面的领带位置要压出一个小凹来,专业人士叫做“微凹”,这个地方的细节处理,能表现出男士的修养和经典风格。

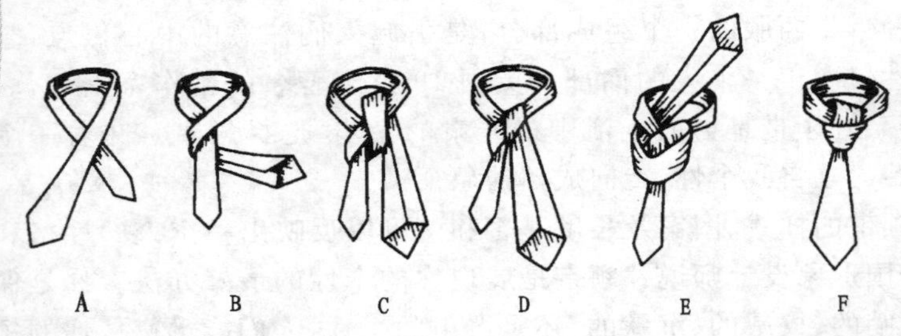

双领结的打法

双领结打法的领带图案有很宽泛的选择余地:单色、斜条纹、圆点、花饰、几何图形等都可以。但首先应依据自己的职业特点、个性特点、外形特点及出席事由做出准确的选择。双领结打法的领带不宜和方领型衬衫作搭配,除此,与其他衬衫款式都可以互相搭配。

温莎结:温莎结是为了搭配较宽而且外张的领子,它要配合大一些的标准领衬衫、方领型衬衫。适宜打这种领结的男士最好具备两个条件:第一是身材伟岸,第二是气度不凡。假如仅是身材伟岸而气度一般,或者气度不凡而身材不太伟岸,建议不选择这种打法。温莎结一定要以优雅、经典的气质及健硕的体态作为选择前提。

蝴蝶结:蝴蝶结式的领结是服饰搭配中争议最大的,它往往给人“不现代”、“做作”、“傲慢”的感觉,因此最好不要使用蝴蝶结式的领结。

◎ 领带与身体的比例

领带的长度至皮带扣中间是打领带的潜规则,不同男士要根据自己的具体身高条件打出比例和谐的位置。身材高大的男士可以打得长些，领带尖在皮带扣上方的位置，身材不够高大的男士建议打在皮带扣上方，以免看上去有不太均衡的感觉。领带的宽度应该与西服上衣的翻领宽度相协调，即宽翻领就应该搭配宽领带。

确定领带长度的要素是身高与打领带的方式，一般来说，领带的末端应该正好达到你的皮带扣，不能多也不能少。市面上出售的领带一般有常规型和加长型两种。如果你上身较长或脖子较粗，你就需要佩戴加长型，如果你上身较短，你可能需要将领带截短使用。

◎ 领带图案

领带图案是选择领带时不容忽视的问题，适宜的图案能够体现出服饰的整体美。一般来说，领带的图案大致有如下几种：

纯色图案：这是最具搭配功能的领带，可以配多种颜色的西服和衬衫，是许多男士在商务场合中的首选。以暗色调、浊色调的色彩为多。尤其以深蓝颜色的提花丝绸领带为保守传统人士的经典选择。

条纹图案：也称为军团式领带，给人严谨、缜密和有条理的感觉。条纹图案的间隔、宽窄要以身材条件作为依据，身材高大健壮者可选择宽条纹、中等条纹。一般身材和矮小身材者适合佩戴偏细、窄的条纹图案。

圆点图案：圆点图案领带，这种图案的运用场合也很多，性格温和、儒雅的男士十分适宜佩戴。偏小的圆点图案配经典的西服，在商

务场所、半正式社交场所或休闲场所内都很适合，但在选择时应避免过大的圆点图案，以免在系戴后给人张扬和奇怪的感觉。

花饰图案：花饰图案领带多在半正式社交场合、休闲场合里出现，体育节目主持人、时尚界人士常常会选择有独特风格的花饰图案领带来张扬自己的个性。挑选花饰图案是对男士们审美品位的一大挑战。有一些花饰图案领带上有专门的花纹、徽章、盾牌等等，属于俱乐部领带的范畴，是高档的休闲活动场所或上等阶层团体的符号，这些领带不适合在上班的时间里佩戴。如果能挑选到柔和、保守的螺旋状花饰图案领带，是可以为经典的西服添加魅力的，这种花纹是在表达时尚和随意的感觉，但不适合在正式的商务场所中使用。

男人应该拥有几条领带要依他们个人而定，有的人则希望每个颜色、每种图案的领带都配备一条。无论你需要多少条领带，以下将是你选择时应注意的：

将领带和其余的服饰搭配在一起。最简单的办法就是从全套服装中挑选一种颜色，用这个颜色的领带与之搭配。

领带的选择应与你的个性相一致。即应该避开那些俗气的领带。新潮的东西虽然很快就会过时，但你戴首条新潮领带的样子可以留在人们的记忆中。

购买天然纤维制成的领带，比如丝质领带就可以毫不费力地打出最漂亮的结。棉质领带是夏天以及休闲服饰的最佳选择。而分量轻、纯毛质地的领带则适合在冬天佩戴。

西装翻领越宽，领带也应越宽；反之亦然。

留意领带的长度是否合适。领带应该长及皮带外，领带较窄一端的尾部应该与另一端较宽的尾部持平，或比它略短。关于领带的长度并没有具体的规定，但如果你个子比较高的话，你应该在购买之前搞清所需的长度，或是随身带一条以备参考。

围 巾

长长围巾，挽围自如，色彩各异，五彩缤纷，不但能保暖祛寒，更是增添女性魅力必不可少的装饰品。一条彩色的围巾可以给深色外套带来活力，而一身朴素的米色套装则会在奶色的薄绸围巾衬托下显得更加柔和。

对于职业妇女而言，围巾就相当于男士们的领带，往往能起到画龙点睛的作用。如穿蓝灰色的衣服往往会使人看上去有些面部发暗，如果配上一条色彩浓郁、风格热烈的围巾，就能达到生气勃勃的效果；如果你穿一套藏青色的西服，围一条纯白的围巾，即可衬托出女性的敏捷和果断；假如穿一件大红色的绒线衣，会使人感到太刺眼，如果系上一条黑色透明的围巾，压住红色，就会显得高雅而活泼。许多年轻女性喜欢穿白色绒线上衣，黑色裤子，如果围一条玫瑰红的围巾，便从素淡中呈现出幽雅的仪态。还有一些女青年，喜欢穿高雅大方的银灰色的衣服，但如不注意搭配合适的围巾，容易流于呆板、平淡。

围巾种类繁多，穿较厚衣服时，可选用拉毛、羊毛、尼龙勾针编织的大围巾；穿较薄衣服时，可选用真丝、尼龙、绸等围巾；穿深色衣服时，可选用色彩鲜艳的围巾；穿淡色衣服时可选用颜色素雅的围巾；穿藏青色服装配纯白色丝质围巾，显得容光焕发；穿乳白色羊毛衫配玫瑰红围巾，显得大方优雅；而穿布质服装配湖蓝色围巾，则显得纯真朴实。

围巾图案大致可分为传统图案和现代对称、不对称几何图案两大类，一般来说，穿较正统的服装时宜配传统图案的围巾；穿流行服装，则以配现代图案的围巾为佳。气质沉静者选用素雅小花纹围巾平添风韵;性格活泼者配大花形围巾更显个性。

风度美贵在自然,仪表美贵在合理,一切附着于外表的装饰物都是为了体现自身美,巧妙使用围巾,不仅可以增添风采,还能收到扬长避短之效。身材修长但平胸、胸围偏小的女子,可选配质地膨松的大花形图案的围巾,采用对称悬垂搭胸前的系法,就会显得胸部丰满些;肩窄体瘦者,最好选配小朵花形,构图简洁,色彩别致的围巾,比如少女可以大红为主色调,中年妇女以紫绛红色为主色调,这样就能增加活泼感,弥补体瘦、窄肩的不足。

如果因溜肩而自惭形秽的话,可选配一条长度与身高等长的素色丝质围巾,采用对称悬垂胸前系法,可使肩部显得匀称得法。

宽肩对女性是一种不足,选配一条花形呈竖直形,色彩基调文静素雅的围巾,可使肩部产生收缩感;如果胸围太大而体胖,可利用色彩先入为主的效果,选配纯黑、深藏青、褐咖啡等深色调的围巾,并采用绕颈一圈,两端等长分别搭垂胸前背后的系法,以获得显瘦的视觉效应。

职业妇女喜欢穿藏青色西服,应该系一条纯白丝巾,既能显托红唇黑眸,又能保持藏青色清爽如水的气质,衬托出女性的敏捷与果断。还有不少女性喜欢穿银灰色的衣服,银灰色是高贵的色调,不注意搭配衬衣和围巾,容易流于呆板、平淡,太胖穿

了有虚浮之感，太瘦穿了更见纤弱，选择围巾时，体胖者用墨绿色的，纤瘦者用大红色的，调和灰色的安详、温柔的情趣，这样当你回眸一笑时，会分外妩媚。

手　表

手表除了具有提醒时间的实用性功能之外，它也反映了个人的审美情趣和身份地位。随着整体造型的观念日益被接受，佩戴在身上且使用频繁的手表，开始在外型与色彩上有了相当丰富的变化，装饰性的作用已经与实用性不相上下，因此它也被视为整体造型中的一部分。

在不同的场合，应佩戴不同款式的手表，一般来说，工作时间里佩戴的手表以精致、简洁的样式为首选，金属表链与皮革表带的手表，看起来比较优雅，也较有气质，因此适合在上班时或出席正式的场合佩戴。金表、银表、精密石英表都可以选择。

塑胶 PVC，不织布等其他材质表带的手表，在造型上多半比较夸张，色彩也相当鲜艳，所以适合在休闲时佩戴。此外，若有从事运动，还可以依不同的运动种类，来选择具有特殊功能的表款，例如高尔夫球表、登山表、潜水表等。

选择手表的款式也可以以个人的风格为根据，男士的目光可以集中在手表的精致上面，如果你的风格比较随意的话，可以寻找一块既精美又帅气的手表。而对于女士来说，面对市面上让人眼花缭乱、五光十色的手表时，应把握一个原则，即手表的色彩、款式一定要与服饰相呼应，因为再时髦的表型，如果只是独立地在身上存在，都是缺乏对自己整体设计能力的体现。

手表的颜色应根据个人的肤色进行选择。肤色稍暗的女性不宜佩戴白色和银质手表，因为会将手部皮肤的颜色反衬得太暗。相反，这些颜色适合皮肤白皙的女士佩戴。而深蓝色、黑色、深灰蓝色、栗色、暗绿色等的手表及表带适合各类不同肤色的女性选择。

眼　镜

眼镜除了具有增强视力、保护眼睛的功能以外，还具有传达个性及内涵等微妙信息的作用。佩戴与自身综合条件和谐的眼镜，可以显示出个人的智慧和权威性，有助于提升个人形象。

就一般而言，佩戴者应依据不同的服装与场合来佩戴不同造型的眼镜。工作时间要选择简洁、大气样式的眼镜，如具有传统感觉的金属、玳瑁或塑料镜架的眼镜，无包框底边、无框或细边框的镜架都是极佳的选择。如果你的职业不属于娱乐界、时尚界，在工作时请不要佩戴过于时髦的眼镜，比如扁的长方形状、间距很集中的圆形镜片，还有形形色色的彩色镜架、镜片等等，总之，为了防止让别人认为你很滑稽，眼镜款式既不可缺乏创造性的表达，也不能过于张扬和怪异。

眼镜除了帮你塑造某种形象之外，镜架还可以起到平衡五官、改善容貌的作用。理想的镜架其宽度最好至脸部最宽的位置，上缘应与眉毛取齐。如果你的眼镜只能部分地遮住眉毛，则会产生双重眉毛的奇怪错觉。

不同脸型的人应根据脸型的优缺点来佩戴与之相应的眼镜。

长形脸：适合佩戴有棱角或看起来较宽的镜框，都可以产生缩短脸型的视觉效果。

圆形脸：适合佩戴方形或有角度的粗边镜框，可让脸型看起来较修长。

方形脸：以圆形或椭圆形镜框来修饰脸部的线条，会让脸型看起来较柔和。

瓜子脸:标准脸型,不管何种镜框都适合,尽管放心追求最流行的款式。

总而言之,永远不要选择和自己脸型同样形状的眼镜款式,最好选其他形状的镜架来修饰自己的脸型,除非你拥有任何款式都适合的瓜子脸。

消费者在选购眼镜时,也需注意镜框的颜色,镜框的颜色一般应和头发的颜色和肤色相配。头发颜色较浅,肤色较黄的人,不宜配戴深色镜框。灰黄脸色的人不宜配戴冷色调和琥珀色,如果戴一副粉红或紫色镜框可以使脸色显得明快。而红润脸色的人却不宜戴暖色调眼镜,如果配蓝色、灰色和琥珀色镜框有助于减弱面部的红润程度,反而显出清丽淡雅的美,如戴黑色镜框则显出高傲,戴白色镜框显得沉静温柔。

总之,在选购眼镜时,既要考虑自己的肤色、脸型,又要考虑自己的服装,力求达到色调和谐,不要顾此失彼。一般而言,肤色白皙的女性,除透明无色或白色镜框外的各色镜框均适合,白色或透明无色的镜框不但不能衬托你的肤色,反而会使你显得苍白虚弱,缺乏朝气。肤色偏黄的女性适合配戴与肤色相近较深色的镜框,例如奶油黄色、深褐色、红黄色等,那样的色彩会衬托你的肤色显得柔和而娇艳。皮肤黑的女性忌讳配戴黑色镜框,也不能配戴过分艳丽亮色的镜框,如浅紫色、红色等。皮肤黑的女性适合配戴中性色彩,如米色、乳黄色、浅咖啡色等,这几种颜色可以衬托你的肤色使之泛出健康的色泽,弥补缺陷。

如果鼻子偏长,请不要选择高架梁的眼镜位置,这样会显得鼻子更长。鼻子较短的朋友,最好不要选择彩色窄扁镜架,这样会把自己脸部的中间部分挤缩在一起,鼻子会看上去感觉更短了。

如果你正在或想要配戴有色隐形眼镜的话,一定要使用颜色看起来自然些的产品。有些品牌的隐形眼镜效果十分做作,不仅怪异,而且容易分散别人的注意力。戴隐形镜后，眼部化妆应尽量避免。戴隐形眼镜的女性如果使用化妆品不当，没有与隐形眼镜相配合，就可能对眼部及镜片本身造成严重损害。液状及膏状化妆品易于使用，但它们也容易渗入眼里，粉状的若是太干的彩色粉，也容易掉入眼中。所以，最好的选择应该是有附贴性能的粉状化妆品。

又细又长的鼻子不宜戴高鼻架眼镜，而一副低鼻架眼镜可使鼻子显得短一点。短小的鼻子则不宜戴低鼻架眼镜，高鼻架眼镜使自己的鼻子好像高了起来，宽鼻子忌浅色鼻架镜，深色鼻架的方框眼镜对宽鼻子可起修饰作用。如果双目靠得很近，就别戴深色鼻架镜，醒目鼻架的眼镜可以使双眼看起来隔得远一点。

太阳镜

在炎炎的夏日，太阳镜既可以为人遮挡阳光，也可以当作一种装饰品，向人们展示其令人莫测高深的神秘和欲盖弥彰的“亮丽”效果。现如今，太阳镜作为一种时尚而又被添加了新的流行元素，以迎合时尚一族的新需求。

爱美的人士在选购太阳镜时，要避免用那些鲜艳华丽的款式来搭配比较传统的颜色。玳瑁色、黑色、深紫色、浅褐色、藏青色等都是不错的选择。当然对于满足创造性和诱惑力的要求，这些还略显不足，必须带有戏剧性的色彩搭配才可以。

此外，在炎热的夏季里，为了防止紫外线的侵袭，太阳镜镜片的颜色最好是灰色、绿色或茶色。

◎ 太阳镜的时尚色彩

太阳镜给人们呈现出一片色彩缤纷的世界，镜架有金属、胶板、混合料等新型材质可供选择，镜形以扁方、矩形及椭圆形为主，镜片的流行色是灰、咖啡、蓝、黄、紫等偏冷色系。不同颜色的太阳镜带给人们

不同的感觉。

黄色：透明的黄色制造出绚丽的视觉效果，充满活力，尽显轻松活泼的个性。镜架呈方型，颜色为不常见的淡虎皮色，适合圆形脸的女孩，与浅蓝色、茶色服装最为相衬。

蓝色：镜框呈椭圆形，镜片颜色简洁清纯，适合所有脸型，与浅色休闲款夏装相配会给人以清爽宜人的印象。

绛色：是一种略显保守的款式，适合穿套装的上班族，展示斯文大方的形象，充分发挥了女性爱浪漫的个性。

绿色：独特的造型、完全镂空的镜架，让人心动不已，适合瓜子脸型的女孩，是黑色紧身上衣与卡其色兜裤的绝配。

紫色：镜片为少有的紫色，镜型略呈倒三角形，突出脸部线条，适合脸部小巧精致的女孩，与纯白色夏装相配，妩媚动人。

◎ 戴太阳镜时的化妆

在烈日炎炎的夏季，许多女士出门喜欢戴上各种有色的太阳镜。戴太阳镜时，应将眉毛全部遮住，半露于镜框外的眉毛，会显得不雅观。所以在选购太阳镜时，最好选择大框的，能把眉毛完全遮住，否则就索性选择小框的，把眉毛全部露在框外。并且眉毛要修成与镜框平行，并描画上深浅适度的颜色。由于眼镜片本身已有颜色，所以作眼部化妆时应力求浅淡，看上去有明亮感。

在唇部涂抹口红时，由于眼镜和唇部的位置最接近，它们的颜色配合比服装更为重要。要使唇部化妆看上去生动自然，戴上有深浅变幻的太阳镜，可涂砖红色或橘红色的唇膏，这样就能互相辉映。

秀气的细边和圆形的镜片最适合具有诗人气质的文雅一族，戴上它会立刻使人联想起徐志摩式的文人；粗重的镜框适合庄重一族，戴上它会让人觉得值得信赖。紫红、水蓝、林雾般迷幻的绿色镜片，使佩戴者显得时髦而耀眼；有色反光的镜片，配上方形的裁切，给人带来的是无限亮丽的感觉。

高科技的运用，使钛合金、雾面的金银色镜架特别令人瞩目，但传统的具有类似珠母贝柔润感的镜架，更易让人感觉亲近。

帽　子

在当今，帽子作为服饰整体和谐美的佩饰之一，成为时装的一个重要组成部分。戴上与脸型、发型、服装搭配适宜的帽子出门，已成为一种时尚的标志，不少女性宣称："一顶适宜的帽子，不仅能够为你赢得几分妩媚，几分潇洒，更重要的是能够增加自己的自信心与存在感。"

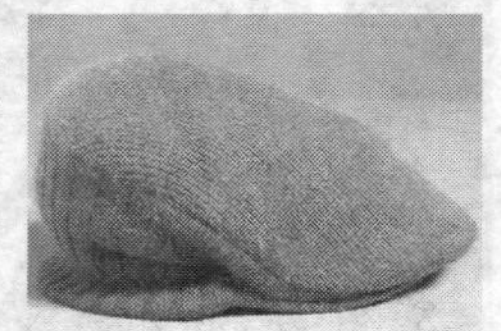

帽子可遮阳、防紫外线，且方便携带和搭配。像流行的圆筒状短帽檐设计，最适合休闲生活打扮的装扮。有时将帽檐上折，挂上一副太阳眼镜，看来超酷超劲爆。

在佩戴帽子时，需要与脸型、肤色和衣服相协调。一般来说，脸型长的人不适合戴高帽子。宜选择贝蕾帽、鸭舌帽或"哈萨克"式帽（扁圆柱体式的毛皮帽）。这些款式的帽子，帽顶低矮，可掩饰过长的脸孔，并能添几分豪迈之气。

圆脸型的人应戴顶较高的帽子；脸庞小或圆脸型人应把帽子推到头顶，适当留出些额发，能收到较好的效果。脸庞大的人应戴宽松的大帽子，并把帽子压到眉际。体态过胖、身体高大的人则不要戴过小而紧的帽子和无檐帽。这样，帽子就能起到取长补短、发挥修饰的作用。

戴帽子时也要注意与肤色协调，皮肤较黑的人，不要戴颜色过深的帽子，可选择驼色、红色、黄色等较为明亮鲜艳的颜色，或是以这些

颜色为底色，加有其他或明或暗的花纹图案的帽子，看上去就显得轻松明快，不至于灰暗深沉。

肤色较黄的人不要戴绿色、黄色、紫色的帽子，这些颜色会使脸色呈现出病态。只有皮肤较白的人得天独厚，深浅色、冷暖色的帽子都适宜，可随意选择。

戴帽子还要注意与衣服相搭配。什么样的衣服配什么样的帽子，才能衬出整体美的效果，否则会弄巧成拙。如贝蕾帽，适合休闲打扮的妙龄少女，戴上它显得活泼可爱，散发青春魅力；穿皮茄克、牛仔裤配一顶皮帽透出精干潇洒，适合外出旅游；而穿上时装式的呢大衣，戴一顶做工精致的淑女帽则颇有高雅气质；丝绒毛编帽，质地柔软，款式随意，与丝绒围巾配套，潇洒、飘逸的风格一览无余。

除了注意以上事项外，选购帽子时还要注意材质设计。例如棉麻制的帽子，适合休闲游乐，因其有遮阳吸汗作用；丝绒蕾丝制的帽子就比较适合特殊装扮，如宴会等。

职业女性在戴帽时有以下几点需注意：帽子的式样应简洁大方，不应戴过分妩媚强调女性特征的帽子，这会造成一种不信任感。帽子的佩戴角度最忌前倾，那会造成一种神秘感，使客户怀疑你的诚意，或猜度你的隐秘。帽子的颜色、款式应与首饰、妆色相协调，不宜过分夸张。除特别场合需要，在办公室内以脱帽为宜，脱帽后应注意头发的整齐，避免零乱。购买帽子时，要根据衣柜中衣服的主色来决定，一般而言，一顶帽子能搭配几套衣服是最佳的选择，黑色、红色、咖啡色是选购的几种最佳颜色。

选购帽子时，须考虑到自身的条件。比如你个子较矮，选择的帽子最好与服装颜色相似，这样可以产生身材增高的效果。脸型较圆较大，身材丰满的女性不适合戴圆边帽，那样会使人们注意的焦点集中在你的头部，有过分圆大的感觉。假使上衣颜色较深，而裤子颜色较浅，帽子最好与裤子相似，可以造成一种完整的美。

鞋　子

鞋子在人们的生活中起着无足轻重的作用，一双合适的鞋子既可以达到一定的美观标准，又可以保护双脚。

男士鞋子的款式较为单一，与此相反，女性们穿着的皮鞋，无论颜色、款式都很多，在挑选各种款式的鞋子时，需要注意服饰的整体搭配效果。

鞋子的款式大致分为如下几种：

◎ 中低跟皮鞋

这种款式的皮鞋是搭配上班服饰的最好选择，因此，每个人的鞋柜里，都少不了几双不同颜色与款式的中低跟皮鞋。而且这种高度的鞋子穿起来最不容易让双脚感到疲倦。一般而言，低跟鞋指的是鞋跟为平底至 3 厘米高左右，而中跟鞋指的则是 7 厘米高左右的鞋子。

◎ 高跟鞋

鞋跟高于 8 厘米以上的鞋子，就可以称之为高根鞋。一直以来，穿着高跟鞋的女性，不管鞋跟的粗细如何，总是很容易被视为性感的表现，这是因为一旦穿上了高跟鞋，走起路来就必须放慢脚步，留心步伐；再加上因为重心的关系，更有一种摇曳生姿的风情，想不性感都难。

穿着高跟鞋还具有拉长腿部的视觉效果，身材娇小的女性，不管

是穿着长裤或是裙子，再搭配上一双高跟鞋，看起来就会比较修长。

◎ 靴子

靴子几乎是每年秋冬都会推出的鞋款，与中低跟皮鞋一样，也几乎成为人人必备的鞋款之一。大致上靴子的长度可分为三种：一种是短靴，穿起来刚好可盖住脚踝；一种是中长度的靴子，穿起来大约在小腿1/2处的位置；最后一种则是高筒靴，穿起来则在膝盖处的高度。

◎ 凉鞋

如果想让双脚解脱一下，穿着凉鞋便是最好的选择了。目前的凉鞋款式很多，有适合上班穿的，也有适合休闲时穿的，不同款式的凉鞋可以营造出不同的感觉，可性感、可俏丽、可优雅、可活泼，关键看你如何选择搭配。

在夏天穿凉鞋时不要忘了定期修剪脚趾甲、足部去角质以及适当地搽上指甲油，这样会使你穿着凉鞋时更美丽。

◎ 运动鞋

在从事户外活动时，运动鞋是最好的选择，目前，各家运动鞋厂商根据不同的运动需求，设计了功能不同的运动鞋款，因此，喜爱运动的人士要根据自己经常从事的运动来选择适合的运动鞋，若无固定的运动项目，则不妨选择具有多功能的运动鞋。

◎ 休闲鞋

随着大家越来越重视休闲生活，休闲鞋的款式也越来越活泼与多样化，帆布鞋、滑板鞋、甲板鞋等各式各样适合从事休闲运动的鞋子，都受到普遍的欢迎，而有些设计较优雅的休闲鞋，甚至还可以拿来搭配上班服，在工作时穿着。

温馨提示

上班时穿的鞋，鞋跟不要过细、过高，鞋跟越粗，对人的支撑力就越大，对女性的腿部、脚部位置的保护就越好。细高跟皮鞋是适合在晚礼服时段或其他休闲时段选择的，在上班时段穿是不太明智的选择。

袜 子

长筒袜虽然是一件比较便宜的饰物，但它却能在适用的季节里全面提升你的服装档次。选择恰当的长筒袜可以给上衣和裙子增添丰富多彩的色调感。

在正式社交场合中，女性一定要穿长筒丝袜，袜子的颜色应尽量和腿部肤色相近。希望腿部看上去苗条些的女士，可以选择比自己肤色略深的颜色。建议腿部较粗的女士不要穿黑色丝袜，因为穿上黑色丝袜后会使腿部细的部位显得更细，粗的部位显得更粗，反而突出你的缺点。白色、花色、带网眼和其他鲜艳色彩的丝袜，千万不能穿到职场中来，这会让见到你的人感觉十分奇怪，是极不理智的选择。

长筒袜的挑选要视鞋的式样而定。如在应该足蹬浅口高跟鞋的保守职场中，一般的习惯是穿中性色调，例如黑色、藏青色或是不穿丝袜。藏青色的长筒袜应该是比较难搭配的，所以你应该考虑用黑色或者是灰咖啡色来代替，这样做同样可给人以类似藏青色的感觉，而又摆脱了难于搭配的缺点。如果你实在难于决定应该穿什么颜色的长筒袜，那么就仍坚持肉色透明的类型吧，穿上去不仅使双腿显得更苗条，而且可以隐藏任何影响美观的部位。

丝袜应与鞋的颜色一致或者再稍微浅些。切忌穿白色的丝袜。但是穿色彩艳丽的服装时（比如一身红），丝袜的颜色要与鞋子一致。不透明的丝袜应比外衣的颜色稍深。如果你喜欢浅颜色的长筒袜，那么就选择一双乳白色的、珍珠白色的，或者是蘑菇色的透明长筒袜，应

避免纯白色，因为它会使你显得比较矮小，并且使你的腿看起来比较短。

在正式场合，男子要穿深色的袜子，袜子的颜色要与裤子、鞋的颜色相同或相近，使腿和脚看上去成为完整的一体，千万不要穿浅色或鲜艳颜色的袜子，那样会显得轻浮和不协调。标准西装袜的颜色是黑、褐、灰、藏蓝色的，以单色和简单的提花为主，质料多是棉和弹性纤维，冬季可穿薄羊毛袜来保暖。

除了颜色和质料的选择之外，还要注意，男子的袜筒一定要长一点，这样在坐下谈话时不会露出小腿。

在挑选袜子时，应注意以下几个方面：

如果你在意袜子的搭配的话，就应留心袜子与裤子的搭配。但只要袜子与服装的颜色协调就够了，两者并不一定要完全一致，在娱乐休闲时的穿着尤其如此。有图案的袜子并不一定要被否决，只要图案与服装的正式性统一即可。精心裁剪、讲究的服饰应该用较薄、有罗纹或触感滑顺的袜子与之搭配。袜子的高度应以坐下或双脚交叉时不露出小腿或脚踝为准。因此女性的袜子一般应及膝，或穿连裤袜；男性应把袜子穿到小腿以上的地方。两只袜子应完全一致，没有洞。

腰　带

腰带是最能为整套衣服增添韵味的部分，素有“时装的彩虹”之称，是女性服装上不可缺少的装饰品。在合体的服装上系上一条漂亮的腰带，会显得高雅窈窕，仪态万分，看上去精悍利落，充满浪漫的青春活力，一般而言，年轻女性系腰带的效果会更好些。

在选购腰带时，首先应注意自己的服装款式和色彩，拿起腰带来比照一下，看看效果怎样，如果漂亮的服装配上不协调的腰带，那就会显得十分不顺眼。例如，一套藏青色的正装就应该选择一条棕色的人造鳄鱼皮带，而一套黑色的或者是红的正装，则应该选择一条黑色的腰带，如果再配上一双黑色的交谊舞鞋，则会让你更加地协调。

出席的场合不同，佩戴的腰带亦不同。在正式的场合你应选择佩戴高级皮革质地的腰带(最好有皮草衬里)，而且应注意与你的鞋和衣服的颜色搭配。如果你想提高它的豪华程度，最好选择一条鳄鱼皮带，或有装饰浮雕的。而对于喜欢追求时尚的职业女性来说，系一条金链或者是印着动物图案的腰带看上去会更加高雅时尚。在休闲的时段，腰带可以选择羊皮、编格帆布或者是斜纹织物织成的。

腰带需要与体型协调，对于腰长而纤细的女性而言，宽大的高腰腰带是你最好的选择。春夏之交，身穿一条鲜红飘洒的紧身羊毛裙，再加上一条黑色宽大的高腰腰带，配着一双短皮靴，扬着一头飘逸长发，会使你更添潇洒与妩媚；相反，对于腰短而较粗的女性而言，腰带几乎是你的禁区。身材的曲线通过服装的剪裁来体现更好。

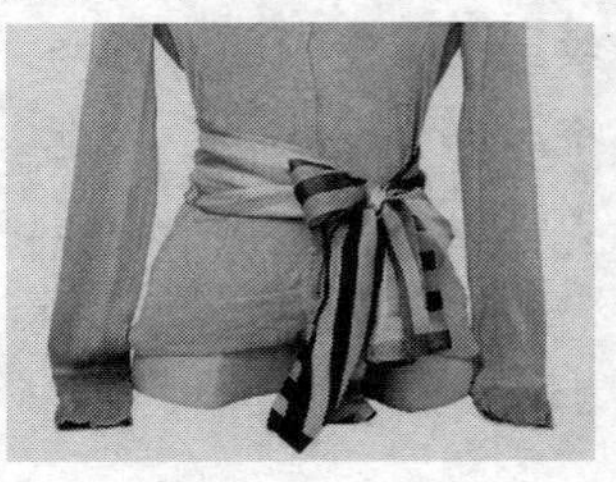

绚丽多彩的夏季，腰带是女士们青睐之物，长幅柔逸的丝巾，轻挽在窈窕素腰上，可使你飘洒如仙；金属丝扣的时装型腰带，斜系于黑色高腰长裙上，若隐若现，更增几许高贵与典雅；金风飒爽的秋季，粗犷夸张的牛仔腰带可使你更显潇洒，立式交叉黑腰带可使呢裙、高腰裙更具特色。

对于职业妇女而言，切忌戴质低价廉的腰带，那会破坏服装的整体协调美，使人怀疑你所属的社会阶层，丧失对你的信心。

手提包

手提包是一整套衣服当中比较基本的配置之一。一只漂亮而又体面大方的手袋是每位职场女士都真正需要的。手提包的款式应根据你的兴趣、个性和需要进行挑选，如双把手提袋、单把手提袋、肩挎包、前翻面肩包等，有些款式是用上等的帆布质地、镶有皮边的大肩包，是世界上知性、优雅女士的最爱。

手提包款式还应与你的身材相协调。身材比较高大的女士，不适合选择精致、小巧款式的包，它可能会将你的身材衬托得过于“壮硕”。而身材娇小的女士，也不能背和提过于大而笨重的包，因为它可能会使你看起来像个报童。所以手提包大小的选择应该完全遵照你的身体的比例，决不可以妄想把所有东西都放进去而选择很大的皮包。如果你希望平时能够把手解放出来，你也可以选择肩背的皮包，但是对于那些臀部比例过大的人却要尽量避免使用这样的皮包，因为它会使胯部和臀部显得更加明显突出。另外建议你选择那些细节较少、相对朴实简单的款式，而金色的拉链和标志也是一个皮包值得肯定的设计。

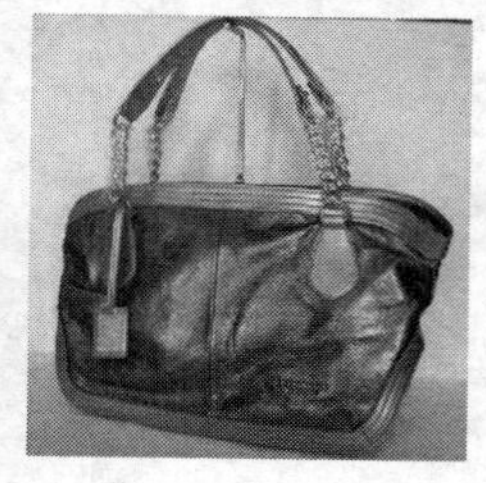

建议你选择一个比较通用的颜色和款式，这样就不必针对每套不同的服装而选择不同款式的手提包，即应该选择那些相对你的大多数的衣服都是中性的颜色作为手提包的颜色，但是要尽力避免白色和米色，因为这两种颜色的手提包显然太容易弄脏了。应该考虑一下类似葡萄色的手提包，因为这种颜色的手提包会和大多数的服装搭配得很好。

手提包还应该符合你的工作方式和组织风格。如果你的服装是传统的裁剪样式（灰色法兰绒和深蓝色的西装），那么一个层次突出、剪裁明快或桶状的肩包是很好的选择。如果复杂是你的选择，那么你可以选各种各样花哨式样。如果你想休闲（卡其布装、毛衣和夹克），那么一个皮质或尼龙的背包相当不错。对于有条理的人来说，一个暗室和口袋比较多的包是极佳的选择。

四、社交着装色彩的搭配

色彩在服装设计中占有举足轻重的地位，它是服装的灵魂，成功的衣着往往取决于色彩的选择。

俗话说："没有不美的色彩，只有不好的搭配"，两件款式、质量相同，但颜色不同的衣服，穿起来会有不一样的效果。要想成功地展现自己，我们必须选择适合自己的服装色彩，如此才能恰当地展示自身的形象。

任何一种色彩，在人的内心世界都能点燃形象思维的火花，从而产生不同的色彩选择来塑造自我。所以说，服装色彩的选择就是服装配色，是人们个性、文化修养、经历的表达方式，也是一种人格和思维的表达方式。

着装与色彩

色彩具有极强的吸引力，若想在着装色彩上出奇制胜，就必须充分了解色彩的特性。恰到好处地运用色彩，不但可以修饰身材的不足，而且能强调突出你的优点。色彩主要分为无彩色、有彩色和独立色三种。

◎无彩色

无彩色包括黑、白、灰三种颜色，它被称为万能的搭配色。无彩色的使用需要根据自己的肤色来决定。一般来说，肤色明度偏低、面部色调不统一的人，不要选择同时或单独出现黑、白明度反差大的服装颜色。白色服装在与面部色调不统一、偏暗的肤色作对比时，会将肤色反衬得更晦暗。

如果肤色较暗而又很喜欢穿白色的服装，可以把握颜色的面积比例，如在深蓝色、中灰蓝色上装里配白衬衫，大的面积是深色、中间色，小的面积是白色。另外，白色本身也具有一些明度差异，你可以不穿最高明度的白色，米白、乳白的明度都比纯白要低一些。还可以采取在颈部系一条柔和颜色的小丝巾的方法，以隔离和减弱白色上衣与偏暗肤色的对比。白色的下装是夏季服饰的“万能配”，可以多准备几条不同质地、不同款式的白色裤装和裙装，以便你在出行前对各种服饰颜色进行搭配。

商务场合中的潜规则认为，黑色是财富的象征。也有一些职业人士认为选择黑色服装很容易搭配，不用太费脑筋。如果你的肤色属于中等明度以上，穿黑色和其他颜色的服饰都很适合。而肤色明度不高的人穿黑色衣服，会由于黑色的吸光作用使面色显得发暗和疲惫，因此，建议里面的衬衫选择银灰色、浅驼色、淡黄色等，这些颜色可以让肤色显得柔和。

时尚界将灰色认定为最能显示高雅气质的颜色。灰色有不同的

明度和色相，肤色明度高的人士可在深灰、中灰、浅灰、冷灰、暖灰中任意挑选。肤色明度不高的人士最好选择中间灰度、浅灰和暖灰的颜色，这些颜色会将皮肤颜色衬得很柔和、明亮。

灰色可搭配的颜色范围很广，灰色配白、配黑，或不同明暗的灰组合在一起都很有品位。珍珠灰色与明黄色、大红色、紫色等纯色调搭配在一起，可以柔和纯色的锐度，既鲜明又动感。与清色调中的粉红色、浅橘色、浅黄色彩配在一起，既清爽干净，又清亮明朗。银灰色与暗色调中的深蓝色、暗酒红色、墨绿色、暗紫色配在一起，既沉稳典雅而又不失严肃理性。

◎有彩色

有彩色分为原色、纯色、一般性色彩三种。原色称为第一次色，包括红、黄、蓝三种颜色，它可以调和出所有色彩，当三原色并列在一起时，是最能表现明快、活泼、跳跃感觉的色彩。当在服饰色彩中进行配搭时，应尽量不要用纯度相等、面积相等的三原色相配，以免给人留下马戏团小丑的印象。

纯色即不加黑和白的颜色。服饰中不同部位的颜色运用有一定的艺术格调，都是纯色的色彩切记不要同时出现，如红裤绿袄的搭配。有品位的人士大多都会巧用纯色和其他颜色组合，让自己的气质与众不同。一般来说，在高纯度的颜色中加入白色，明度会提高，而纯度会降低；加入黑色，则明度会降低，纯度也会降低；加入灰色，明度则产生或高或低的变化，纯度会变为浊色。

一般性色彩即清色、浊色和暗色。

清色即在纯色的基础上加入白色，提高色彩的明度。高明度的清色会使人感到清爽干净，比如米色、淡蓝、浅绿、淡紫、浅灰粉、淡黄色等感觉凉爽的服饰颜色。清色有偏冷和偏暖之分，在蓝、绿、紫中加入白色属于偏冷的清色，在红、橙、黄中加入白色属于偏暖的清色。在夏季里，偏冷的清色服饰比偏暖的清色服饰感觉更加凉爽一些。肤色明度偏高的男士和女士更适合穿着冷色的清色调服饰，其他肤色条件的人可选择在冷色或暖色的清色调中加入一点灰色，称为清浊色调的服装色，与皮肤颜色相配时会产生清爽柔和的感觉。

浊色即在纯色的基础上加入灰色，属于中性颜色。在人群中，穿着品位高的人士，服装颜色中一定会有浊色调的色彩作为组合。

带有灰色的浊色调，不同的人群有着不同的感觉：年轻人中大部分认为浊色调过于朴素，易让人产生低沉、寂寞、悲哀、颓丧的联想。在成年人中，尤其在都市人群中，感觉浊色是一种不易引起别人注意的色彩，反而让人觉得有高贵、知性、高格调的城市感觉。

暗色即在纯色里加入黑色。暗色会给人带来严肃、稳重、庄严、权威的感觉。保守职场的管理者在参加重要的社交活动时，服装颜色一般都以暗色为首选。暗色的服饰颜色有普蓝色、钢灰色、墨绿色、暗枣红色、炭灰色、深咖啡色、暗葡萄紫色等，它们与不同明度的色彩搭配时会产生不同的效果：暗色和高明度的颜色组合，会有鲜明、强烈的感觉；与中等明度的色彩组合有相对柔和、朴素的感觉。

◎独立色

独立色是指金属和矿质所拥有的颜色，如金色、银色、铜色等。在服饰上运用独立色能够起到画龙点睛的作用，带有闪烁光泽的装饰物在明亮的灯光下，会有华贵和引人注目的感觉。女士在使用独立色的金、银、水钻、珍珠等装饰物时，最好不要超过三件。如项链、耳环、胸针、手镯、领针、头饰等装饰物中，取其两件或三件就已经足够了。

另外，现在一些小规模的服装企业喜欢在毛衣、衬衫、裤装、针织衫等上面缀上许多闪闪发光的塑料小亮片，而某些纺织企业还在服装的面料里织进金线、银线等独立色，在男士的领带上也有使用加了独立色的织物和亮钻的装饰（如领带夹），建议这样的服饰最好在休闲时段里穿着，如在办公室或商务场所中出现会使人感觉非常浅薄和俗气。女士们穿着的时装鞋中，有的会有独立色的设计，在不同的鞋面上会有不同颜色的光泽，这些装饰性较强的鞋是为了搭配装饰性强的礼服类服装而设计的，不能在商务场所穿着。有些时装鞋上面还缀有不同形式的亮钻，这种款式的鞋也只适合在社交晚宴、礼仪性的场合中穿着。

服装色彩的视觉效果

服装色彩具有极强的视觉吸引力，恰到好处地运用色彩，不但可以修饰身材的不足，而且能强调突出你的优点。

色彩是人类文化的温度计，没有不好的颜色，只有不好的组合。的确，色彩是一种特殊的语言，不需要特定的文字，就能够在世界范围内进行沟通。每个人身上的色彩组合，首先向人们介绍了自己的审美品位和文化素养。

然而，生活中有人会模糊地把颜色的概念表达错误，有人会把浅的颜色说成是很“亮”，也有的人会把“亮”和“艳”混为一谈。“亮”一般指色彩的明度高，“艳”一般指色彩的纯度高。无论是五彩缤纷的颜色，还是简单的颜色，都是由明度、色相和纯度三要素构成。

◎明度

明度指的是颜色的明暗、深浅程度。主要包括两层含义，一是指同一物体的色相受光后，由于物体色相受光的强弱差异，产生不同的明暗变化。二是指颜色本身的明度。比如在某种颜色里如果加了白色，颜色的明度就会提高；如果加了黑色，明度就会降低。例如在绿色里加白色，会出现高明度的淡绿色、浅绿色，加黑色后就会出现低明度的深绿色、暗绿色。

明度如果仅从人的皮肤来看，也是不尽相同，各有特点。比如我们平时常说的有的人长得白，有的人长得黑，其实就是皮肤色彩明度的高低不同。

不同肤色明度的人在着装颜色的明度上也会有不同的选择范畴，其依据的是明度对比的原理：相近明度对比显得柔和，反差大的明度对比显得强硬。所以肤色偏暗和面部颜色不统一的人不宜穿着极浅的上装，尤其是纯白色和浅粉、浅绿、淡蓝等颜色的上装，这些明度很高的色彩会将偏暗的肤色反衬得更加晦暗。

肤色明度中等的人，服饰颜色范围很宽泛，深色、中间色、浅色都很适宜，因为这种肤色的人和哪种明度都不会形成强烈的色彩反差。

肤色明度高的人在选择色彩时的范围更大，就像在一张白色的纸上做画一样，任何颜色都会很和谐。肤色明度暗的人只要符合使用某种色彩的规律，就可以游刃有余地享受和谐的色彩组合带来的自信与美丽。

◎色相

色相指颜色的种类和名称。人们比较容易理解色彩三要素中的明度概念，而在对色相的辨识上会有一定的挑战性。一般情况下，大家都可以迅速地辨识出红、橙、黄、绿、青、蓝、紫七种颜色。但是在红色里带有其他颜色的偏移，比如红中带紫、红中带黄等不同色彩的色相，对有些人来说就不是很容易了。橙色和红色一起对比时，橙色会令人感到有些偏黄色；橙色和黄色相比较时，会显得有些偏红色。这是因为橙色里面有红色和黄色的成分，在与纯粹的红色相比较时，橙色中的黄色被强调了，所以会显得更黄。同样，在与纯粹的黄色相比较时，黄色就会显得更红。

由此可见，个人的肤色属于黄中带红，如果穿纯红色的上装，肤色会显得更黄，如果穿纯黄色的服装，肤色可能又会被显得太红。为了弥补这个缺点，你可以选择在红色里面加不同比例的黑色的酒红、樱桃红、石榴红色，或者加不同比例的灰色的珊瑚红、虾红色，或者加不同比例的白色的浅杏红、浅桃红等颜色。以及在黄色里面加不同比例的黑、白、灰色后的玉米色、象牙色、淡奶油色、枯草色、檀香色、咖啡色、栗色等。

每个人的着装颜色都与其肤色明度、色相的特征有很大关系。中国人的肤色以黄色为主，但其色相又有所不同。仔细观察一下，有的人肤色黄里偏白，有的人是黄里偏粉、偏红，有的人肤色黄里带褐，有的人是黄里带棕红，等等。所以关于肤色还是建议大家通过相互比较，进行对比观察，就会比较容易知道自己肤色色相的特点。

不同的色彩给人不同的视觉效果，从而产生不同的心理效应。色彩在复杂的因素下产生的联想、象征、感情等视觉心理与人们的色彩体验相联系，使客观的色彩具有了复杂的性格。

红色：代表热情与性感，也象征着某种程度的自信心，但穿太过刺眼的红色，反而会令人产生些许反感，因此最好能与其他颜色做搭配。

红色象征着生命、活力、健康、热情、活泼、青春、希望，是一种积极的色彩，也可以说是青年人的色彩。因其具有膨胀的视觉效果，故体胖、高大的人不宜穿纯红的色彩。

粉红色：看到粉红色会让人联想到小女孩的清纯与天真无邪的笑脸，因此它是一种让人感觉到轻松并散发着青春的色彩。喜欢粉红色衣服的人，多半有着少女般的梦幻情怀。粉红色与黑、白、灰相配都很谐调，这是因为粉红色柔和的性格具有广泛的调和性，另外，粉红色同偏红的黄、偏蓝的绿、蓝、深紫、深红相配，都能取得谐调的效果。

黄色：属于三原色之一，给人一种明亮的感觉。喜欢穿黄色衣服的人，其个性一般乐观开朗，是个阳光型的人。黄是光明的象征，是所有色彩中光辉最强、最刺眼的色彩。在纯色中明度最高，具有快活、活泼、希望、光明、功名、健康等含义。淡黄色使人觉得和平、温柔，深一点的黄色是庄严、高贵的色彩。所以这个色也可以说是年轻人的色彩。黄色与其他色相配，易受其他色的影响，使表情变化无常，性格很不稳定。

橘色：由红色与黄色调和出来的橘色，给人一种大胆又亲切的感觉，就好像是冒险家一般。喜欢穿橘色衣服的人，多半比较活泼、率真，而且不在乎别人的眼光。

黑色：使人联想到黑夜、黑暗、寂寞、神秘。它是消极的色彩，但与之相配的色都会因它而使人赏心悦目。根据相配色的性格诱导，可以成为漂亮、时尚、高雅、礼仪的服装色彩，也可以成为忧郁、黑暗、年老的服装色彩。

一般情况下，黑色通过与性格强烈的色彩组合，具有年轻摩登的个性。但其不能大面积使用，否则容易失去迷人的魅力而变成阴森的情调。妇女使用黑色时，应该加入其他色彩，以提高黑色的身价。

灰色：象征着一个人的品味与权力，是一个看起来颇为高级的颜色，有很多艺术家与知识分子，都对灰色情有独钟，喜欢穿灰色衣服的人，代表他喜欢追求智慧。

白色：洁净的白色很容易让人联想到无暇、脱俗，有着一对翅膀的小天使。喜欢穿白色衣服的人，表示其心中藏有一颗天真的赤子之心，另一方面，却也显示出个性中追求完美的那一部分。白色有它固有的感情特征，既不刺激，也不沉默，跟附近的色相配时，会变暖，也会变冷，象征洁白、光明、纯真，同时表示轻快、朴素、恬静、清洁、卫生的意思。

天蓝色：像天空一样的蓝色，会让人感觉很轻松，而与穿天蓝色衣服的人相处，丝毫没有任何的压力，但是其内心却有一丝孤独感。

深蓝色：很容易让人联想到“保守”一词的色彩，是参加会议时的好选择，不但看起来端庄，也不会给人咄咄逼人的感觉，比较容易赢得他人的信赖，不过若是在讲求创意的场合中，则略显得保守。

紫色：是所有色相中明度最低、最安静的色彩，表示神秘、孤独、高贵、优美、惋惜的意思。自古以来，紫色作为老年人的高贵服色为人们所利用，它是黄色的补色，与黄的性格相反。

靠近红的紫，大面积则有威胁感；而一般紫红温和而明亮，属于积极的色彩；较暗的紫色表示迷信和不幸，又是消极的色彩；较淡的紫色有美的魅力，优雅、惋惜和娇气；青紫色象征着真诚的爱。

绿色：属于大自然色调的一种，像植物一般，予人一种富有生命力、充满朝气的印象。绿色是大部分植物的颜色，它象征着和平、理解、年轻、安逸、有安全、新鲜的意思。不过由于绿色较难与肤色搭配，除非是皮肤白的人，否则还是不要轻易尝试。

咖啡色：与绿色同属大自然色调的咖啡色，有一种安全温暖的特质。喜欢穿咖啡色衣服的人，往往是个有亲和力，而且非常乐于帮助他人、容易取得旁人信赖的人。

◎ 纯度

纯度指颜色的纯粹程度，也称饱和度。形容纯度的概念可以用高、中、低来表达。

色彩学理论认为，纯度越高的颜色，色彩越鲜艳，独立性愈强，冲突性也会加强。纯度越低，色彩会感觉朴素、典雅、安静、温和，独立性和冲突性也会越弱。我们可以依据色彩纯度的特性，在日常生活中灵活地运用色彩。如果你在某个社交场合里需要突出自己的形象，在着装上就要穿得炫目一些，以引起别人的注意。

但需要注意的是，在一般的工作时段，建议不要穿高纯度颜色的服饰，因为这在心理上会产生不被信任的感觉。特别是刚进入保守职场工作的年轻人士，如果想尽快得到同事和上级的认可，最好尽量减少自己身上的鲜艳色彩，选择深蓝色和银灰色组合的服饰（此种搭配被全世界称为“最佳应聘颜色”）比较好，因为深蓝色暗示着理智、严谨、缜密的心理感觉，银灰色暗示着诚恳、平和、踏实的心理感觉。

另外，非保守职场的人士如果平时喜欢穿鲜艳的服装，一定要把握好色彩搭配的分寸。如果上衣是纯黄色的，建议里面配灰蓝色、银灰色、褐绿色等低纯度色的内装，下装色彩可以在同色相中和内装的颜色有一些明度、纯度的差异。总之，纯色在整体的服饰中最好只在某一处出现。比如在深蓝色的职业装里配明黄色的衬衫，银灰色的外套里面配玫瑰红色的毛衣，米白色的夹克里配宝蓝色的高领衫等。

纯度高的服装颜色适合在我国传统的节庆时段中运用，或是在需要改变心情和运动、休闲的时段中运用。也可以利用色彩的心理感觉在职场中来运用。例如在商务场合中遇到不方便说“不”的时候，可以选择一个基本上以纯红色作装饰的环境和商业对手见面，如果你是女性还可以穿着大红的上装出席，对方在红色的环境中会感到焦躁不安，有可能对你模棱两可的态度首先拂袖而去。原因是红色在所有的颜色里光波最长，当红色的光线触及人们的眼睛时，物体会显得比实际上的更近。人若处于红色的氛围下会出现心跳加快，血压升高，情绪激动等，还有可能做出不太理智的决定。

纯度低的颜色更容易与其他颜色相互协调，这使得人与人之间增加了和谐亲切之感，从而有助于形成协同合作的格局。另外，可以利用低纯度色彩易于搭配的特点，将有限的衣物搭配出丰富的组合。同时，低纯度给人以谦逊、宽容、成熟感，借用这种色彩语言，职业女性更易受到他人的重视和信赖。

在生活中要想着重体现出个人独特的色彩风格，就要学会如何在五彩缤纷的色彩海洋里找到与自己相和谐的颜色，掌握色彩的相关知识。

搭配锦囊

◇ 色彩中色阶相近的色相并列在一起时会有柔和、兼容、统一的感觉，如：红色与橙红或紫红相配，黄色与草绿色或橙黄色相配等。

一般来说，绿色和嫩黄的搭配，给人一种春天般的感觉，整体感觉非常素雅，淑女味道不经意间流露出来。但应注意，并不是每个人都能将绿色穿出精彩来，要根据每个人的肤色明度来选择。淡蓝色、淡蓝绿色、淡蓝紫色、淡紫色、淡绿色给人安定、沉静、平衡的感觉，居室中书房的墙面、窗帘适合用这些颜色作为配色。

◇ 色彩中色阶相远的色相并列在一起时会有强烈感、刺激感、尖锐感。如：红色与青绿色，黄色与紫色，蓝色和橙色等，这种配色比较强烈。在进行服饰色彩搭配时应先衡量一下，你是为了突出哪个部分的衣饰。不要把沉着色彩，例如：深褐色、深紫色与黑色搭配，这样会和黑色呈现“抢色”的后果，令整套服装没有重点，而且服装的整体表现也会显得很沉重、昏暗无色。

淡雅的白色

白色是纯洁与和平的象征，穿纯白的着装可以塑造出人们清新脱俗的高雅气质。而且，白色还是天使的代名词，例如人们常称善良的

医护人员为白衣天使。

白色是万能色，任何颜色都可以与它搭配。一般而言，白色多在夏季或阳光灿烂的日子穿着，白外套与颜色对比明显的洋装、或色调轻柔的上衣搭配，算是不错的打扮。炎炎夏日里，换上一件白色带有碎花图样的洋装，看起来既简单又舒服，有如一股凉风，刮走了不少热气，带来些许的凉意。

俗话说："没有不美的颜色，只有不美的组合。"白色虽然可与任何颜色搭配，但要搭配得巧妙，也需费一番心思。白色下装配带条纹的淡黄色上衣，是柔和色的最佳组合；下身着象牙白长裤，上身穿淡紫色西装，配以纯白色衬衣，不失为一种成功的配色，可充分显示自我个性；象牙白长裤与淡色休闲衫配穿，也是一种成功的组合；白色褶折裙配淡粉红色毛衣，给人以温柔飘逸的感觉。红白搭配是大胆的结合。上身着白色休闲衫，下身穿红色窄裙，显得热情潇洒。在强烈对比下，白色的分量越重，看起来越柔和。白色的布鞋或运动鞋，可以搭配休闲式的穿着，让整体造型更加轻松自在。

肤色较暗的朋友若非常钟爱白色，就需要注意把握好颜色的面积比例，如深蓝色、中灰蓝色上装里配白衬衫，大的面积是深色、中间色，小的面积是白色。并且不宜穿最高明度的纯白色，米白、乳白、瓷白的明度都比纯白要低一些。或者采取在颈部系一条柔和颜色的小丝巾的方法，以隔离和减弱白色上衣与偏暗肤色的对比。

白色的下装是夏季的"万能配"服饰，多准备几条白色的不同质地、不同款式的裤装和裙装，让自己出行前可以少费点心思做服饰颜色的搭配。

搭配锦囊

白色长袖无领针织衫，里面配一件红色高翻领上衣，下面再搭配一条格子褶裙，可有效拉长腿部造型，打造甜美可爱的装扮。

隽永的黑色

黑色具有不褪流行的特色，穿黑色服装给人以优越感和神秘感，是高贵风格的表现方式。它以高雅的格调，华贵而又包含着质朴的意蕴，创造着现代人们的浪漫风采。如黑色晚礼服、黑色皮革套装、黑西装，都表现了人的优雅体态和高雅风度。

黑色无论与什么色彩放在一起，都会别有一番风情。沉静的黑色，一旦配上任何色彩，都会有令人目光一亮的效果。各种质地、肌理的黑色服装与人们的肤色相衬托，形成一种高贵而神秘的意蕴，从而使着装者文质彬彬，具有学者风度。但是，黑色也是悲哀的象征，是丧服用色。

黑色外套的搭配空间很大，能够与任何色调的衫裙、或裤装一起穿，哪怕是极难配色的短裙也可以。黑色虽具有不褪流行的特色，但如果全身皆黑，难免显得古板老成，因此最好能在黑色服装里点缀鲜艳的颜色，无论是衣衫或是配件，都能让人目光一亮。在黑色系列的套装里搭配鲜艳醒目的色彩，较能吸引他人的注意力，尤适合身材矮小的女性。并且，黑色长裤可以修饰

较粗胖的下半身，与颜色鲜艳且醒目的短大衣外套，或两件式毛衣一起穿都十分适合，若是裤管较窄，则可以配上黑色短皮靴。而黑色短裙搭配色彩鲜艳的毛衣组合，能够将别人的注意力放在你的上半身，容易受到他人重视。

黑色高领衫，是穿着搭配中相当实用的单品，最好选购轻薄的材质，合身的剪裁，较能有丰富的变化。选择黑色的短袖上衣，在材质上最好以缎面布料，较能展现穿着时的质感，如果下半身是黑色牛仔裤，或是黑色休闲裤，则不妨选择棉织 T 恤衫。

一件款式简单的黑色洋装，能够随着佩戴的饰品，塑造出不同的风格。在饰品方面，原则上金质与银色都能匹配黑色服装，不过黑色配上金质首饰，会显得高贵华丽，而搭配银色饰品时，则予人清晰不俗的感受。若配上珍珠饰品，能彰显出黑色的雍容优雅，让你成为全场的视觉焦点。皮质的黑色背包与同色皮手套，在穿着黑色裤装时搭配，能增加灵活利落的从容感。

稳重的蓝色

冷色调的蓝色给人沉着、高雅却不过分严肃的感觉，它和黑色一样，亦能显现出穿着者的干练，并且像深邃的大海般的蓝色容易让人产生信赖感，因此，蓝色系很适合在保守行业中工作的女性穿着，长时间坐在办公室内的女性，不妨为自己准备一件蓝色外套。

纯度高的艳蓝色服装，具有一种华丽而向内的张力，有收缩体型的视觉作用。尤其在冬天，当自然界中生长力量隐藏在黑暗和寂静中时，低明度的蓝色具有一种量感，深蓝色的服装显得深沉、稳重，是智慧、能力的象征。

不同质料、不同明度的各款式蓝色服装都有一种内在的魅力，如天蓝色服装有希望之意蕴；碧蓝色服装有青春之意蕴；深蓝色服装富有稳重和谦虚的感觉；藏青色服装更加深邃，使人难以捉摸，从而产生一种豪华、高雅的独特个性；藏蓝色服装显得老练、沉着；带红光的深蓝色服装显得飘逸而华丽；带绿光的深蓝色服装显得端庄；混色蓝服装显得优雅。

灰色系与驼黄色是蓝色的最佳拍档，而它与黑色搭配时则能提升整体衣着的质感，与褐色系一起穿着时，则可以增添服装风格的休闲感。

蓝色是运用广泛的颜色，与浅蓝、黄、橘色搭配，看起来有较轻松的感觉，与白、红色搭配，则另有一种端庄典雅的古典气质。生动的蓝色搭配红色，使人显得妩媚、俏丽，但应注意蓝红比例要适当。

近似黑色的蓝色合体外套，配白衬衣，再系上领结，出席一些正式场合，会使人显得神秘且不失浪漫。曲线鲜明的蓝色外套和及膝的蓝色裙子搭配，再以白衬衣、白袜子、白鞋点缀，会透出一种轻盈的妩媚气息。

上身穿蓝色外套和蓝色背心，下身配细条纹灰色长裤，呈现出一派素雅的风格。因为，流行的细条纹可柔和蓝灰之间的强烈对比，增添优雅的气质。

蓝色外套配灰色褶裙，是一种略带保守的组合，但这种组合再配以葡萄酒色衬衫和花格袜，则显露出一种自我个性，从而变得明快起来。

蓝色与淡紫色搭配，给人一种微妙的感觉。蓝色长裙配白衬衫是一种非常普通的打扮，如能穿上一件高雅的淡紫色的小外套，便会平添几分成熟都市味儿。上身穿淡紫色毛衣，下身配深蓝色窄裙，即使没有花哨的图案，也可在自然之中流露出成熟的韵味儿。

搭配锦囊

◇蓝色的外套配上一双白色的胶底运动鞋，为一种轻松休闲的经典穿法。

◇色调明亮的牛仔裤，像一般的白色或浅蓝，都可以搭配蓝色的上衣，彰显出健康的活力和精神。

柔和的浅褐色

浅褐色具有调和色彩的能力，很多颜色都能与之搭配，产生柔和与舒适的效果。运用浅褐色并且能模糊整体的尖锐与冲突感。在温和舒爽的季节，特别是在秋天，浅褐色能营造出温馨暖和的特色，让穿着者显得亲切自在，专业却不具威胁感。

用各种不同层次的同色系与浅褐色搭配是使用浅褐色的最佳方法，因为浅褐色属于膨胀色调，相同色系的服装可以在视觉上使穿着者看起来较为苗条修长，尤其是在购买套装时，如果各方面条件允许，最好采买一整套的服装；若是无法买齐，也要谨记同色系的搭配原则。

此外，浅褐色搭配黑色、紫蓝，或是图纹中夹杂有褐色调的衣服都十分合适。浅褐色与白色搭配，给人一种清纯的感觉。金褐色及膝圆裙与大领衬衫搭配，可体现短裙的魅力，增添优雅气息。选用保守素雅的栗子色面料做外套，配以红色毛衣、红色围巾，鲜明生动，俏丽无比。褐色毛衣配褐色格子长裤，可体现雅致和成熟。褐色厚毛衣配褐色棉布裙，通过二者的质感差异，表现出穿着者的特有个性。

在浅褐色的服装上，可以多尝试各种不同的搭配组合，运用同色系不同阶的单品，巧妙地互相混合搭配，尤其是运动休闲风格的服装，更适合自然柔和的浅褐色。或者将浅褐色的服装拆开，再配上其他色彩的外套、毛衣、裤子、或是裙子，都能够变化出更丰富的衣着风格。

在饰品搭配方面，当浅褐色加入了其他色彩，不妨以金银双色的手表或饰品与之搭配。

亮丽的红色

和其他颜色相比，红色极具挑逗刺激视觉的能力，看到鲜艳似火的红色，人们觉得一切都显得积极而有希望。

红色亦有深浅之分，不同的红色，在感官上带给人的效果亦有不同。例如，用波纹绸和乔其纱制作的红色连衣裙，具有柔美的表情；用闪光的紫红色丝绒做成的礼服，具有大胆、热情和高贵华丽的表情；红色棉布制作的衬衫具有勇敢、坚定的表情；带蓝色调的红色尼龙绸制作的防寒服，具有冷漠、稳重的表情；各种质地的红色运动服、旅游服，能表现年轻人的热情、活跃的性格；带黄色调的橘红色 T 型裙装与白色肌肤相配，产生一种亲切可爱的表情，若与黑色肤色相配则产生一种粗犷奔放的表情。总之，颜色越深的红，感觉越内敛，相反的，越鲜亮的红，视觉刺激越强。

红色在和其他颜色搭配时，最重要的就是掌握色彩平衡感，总体上说，红色搭配黑色、同色系浅色，蓝色或白色，都是不错的组合。上半身穿着红色外套、毛衣，下身部分搭配黑色长裤、窄裙，可以让视线焦点放在上半部，显现神采奕奕的活

力，流露出自信和时尚感。

在饰品方面，红色调的服装，配件以金质、珍珠的材质为佳，不过由于红色本身就很抢眼，选用金饰时，最好以K金饰品搭配，较能显得精致不俗，若是想要穿出典雅的味道，可选用珍珠配件佩戴。

时尚锦囊

◇如果想要红得漂亮，却又不想过于招摇，不妨从材质着手，挑选一些缎面丝质的服装，凭借柔软的布料，降低红色的视觉强度。

◇加入了不同颜色基调的红色，与正红色比较，不光是看起来有些许差异，所带给人的感觉也会不同。

◇加入了蓝色调的红色，颜色看起来会比较暗，视觉上所带来的挑逗感也相对减少。

◇加入了黄色调的红色，比正红色看起来更抢眼，容易引人注意。

色彩搭配的原则

恰到好处地搭配色彩，不仅可以修正、掩饰身材的缺陷，而且能够强调突出你的优点，并将优点发挥得淋漓尽致，使你成为众人眼中的焦点。

一些人为了使自身显得“丰富多彩”而集五色于一身，其实，色不在多，和谐则美。正确的配色方法，应该是选择一两个系列的颜色，以此为主色调，占据服饰的大面积，其他少量的颜色为辅，作为对比，衬托或点缀装饰重点部位，如衣领、腰带、丝巾等，以取得多样统一的和谐效果。

总的来说，服装色彩搭配分为协调色搭配和对比色搭配两种方法。使用协调色搭配方法时，需遵守以下两项原则：

◎ 同类色搭配原则

指深浅、明暗不同的两种同一类颜色相配，比如：藏青配天蓝，墨绿配浅绿，咖啡配米色，深红配浅红等，浅灰蓝配深蓝色，墨绿配草绿，淡黄配金茶色，浅桃色配暗洋红色等，同类色搭配会产生同一性、统一性和类似性的感觉。

生活中最简单、最容易做到的配色就是同类色的组合，在同一种色系中的深、中、浅不同明度的服饰色彩搭配，清、浊、暗等不同纯度的服饰色组合，一般都不会遇到太多的问题。同类色分冷色和暖色系等，不建议肤色明度高的人士穿着暖色调的、相近明度、相近纯度的服饰组合。比如在浅土黄色外衣里穿淡黄色内衣，下穿黄驼色裤装的配色组合，不论出现在男性还是女性的身上，都会使皮肤颜色淡淡的人和衣服闷闷的颜色混沌一片，尤其对原本五官长得就有点眉目不清的人士，更加会显得面部不清晰了。

在参加商务场合的应酬时，若你不想太引人注目，可以穿冷色调或者暖色调的同类色服饰出席。比如男士穿深灰蓝色西服、浅灰蓝色衬衫，系中灰蓝色领带。女士穿浅驼色西服上衣、灰褐色衬衫、灰米色裤子。

◎ 近似色相配原则

指两个比较接近的颜色相配，如：红色与橙红或紫红相配，黄色与草绿色或橙黄色相配等。当然不是每个人穿绿色都能穿得好看，绿色和嫩黄的搭配，给人一种春天来临的感觉，素雅、静止、淑女味道不经意间流露出来。

对比色搭配又分为强烈色搭配和补色搭配两种方法。

◎ 强烈色搭配

指两个相隔较远的颜色相配，如黄色与紫色相配、红色与青绿色相配。在日常生活中，无色系的黑、白、灰与其他颜色的搭配最为广泛，因为无色系无论与哪种颜色

搭配都不会出错。一般来说，如果同一个色与白色搭配时，会显得明亮；与黑色搭配时就显得昏暗。因此在进行服饰色彩搭配时应先衡量一下，你是为了突出哪个部分的衣饰。不要将沉着色彩，如：深褐色、深紫色与黑色搭配，这样会和黑色呈现“抢色”的后果，令整套服装没有重点，而且服装的整体表现也会显得很沉重、昏暗无色。

◎ 补色搭配

指两个相对的颜色的配合，如：红与绿，青与橙，黑与白等，补色相配能形成鲜明的对比，有时会收到较好的效果。

伊顿在《色彩艺术》中指出：“连续对比与同时对比说明了人类的眼睛只有在互补关系建立时，才会满足或处于平衡。”“视觉残像的现象和同时性的效果，两者都表明了一个值得注意的生理上的事实，即视力需要有相应的补色来对任何特定的色彩进行平衡，如果这种补色没有出现，视力还会自动地产生这种补色。”“互补色的规则是色彩和谐布局的基础，因为遵守这种规则便会在视觉中建立精确的平衡。”

从伊顿的著作中可以看出，如果色彩构成过分暧昧而缺少生气时，那么互补色的选择是十分有效的配色方法，无论是舞台环境色彩对人物的烘托和气氛的渲染，还是商品广告及陈列等等，巧妙地运用互补色构成，是提高艺术感染力的重要手段。

在运用互补色时，需要注意的是，肤色色相偏红的人是不适合穿纯绿色上衣的，否则会将脸色反衬得像着火了似的；肤色中黄的纯度比较高的人也要尽量避免穿纯紫色的上装，不然也会因色彩的互补原理，使皮肤颜色黄得像黄疸肝炎患者一样；此外，与红色、黄色相对的宝蓝色、蓝绿色、蓝紫色等色的服饰也要尽量避免穿着，因为它们都会相对地产生和皮肤颜色反衬的作用。

色彩美是由服饰色及各种其他因素配套组合而形成的。如着装者自身的条件、服饰色彩、环境、化妆、穿戴方式、服饰色彩配套和言行举止等，如果能将这些因素调整在最佳结合点上，服饰色彩的整体形象便会表现出很强的美感。有时，不起眼的服饰色彩会因与其他着装色彩因素搭配而左右逢源，达到意想不到的效果，而看似漂亮的服饰有时却很不顺眼，因此，服饰色彩必须经搭配组合后构成一个有机的整体美，才是着装色彩形象最后取胜的关键。着装色彩美的配套组合，有如下几种具体方法：

◎ 统一法

着装色彩统一一种色调，有时会出现意想不到的效果。具体操作有两个方法：第一，可以由色量大者（大面积色）着手，然后以此为基调色，依照顺序，由大至小，一一配色。如先决定套装色的基调，再决定采用何种帽色、鞋色、袜色、提包色等。第二，可以从局部色、色量小的色着手（如皮包），然后以其为基础色，再研究整体的大量色的色彩搭配。这种从局部入手的搭配，一定要有整体统一的观念。与着装色彩设计中的统一法，对小面积的饰物色彩也极为重视。表面上看饰物色彩本是"身外之物"，与着装无直接关系，但其与着装形象可构成统一的服饰艺术形象整体。

◎ 衬托法

在着装色彩设计中，主要是要达到主题突出、宾主分明、层次丰富的艺术效果，例如：以上衣为有色纹饰、下装为单色，或下装为有色纹饰、上装为单色的衬托运用，会在艳丽、繁复与素雅、单纯的对比组合之中显示出秩序与节奏，从而起到以色彩的衬托来美化着装形象的作用。

色彩衬托的方法，具体而言，它有点、线、面的衬托，长短、大小的衬托，结构分割的衬托，冷暖、明暗的衬托，边缘主次的衬托，动与静的衬托，简与繁的衬托，内衣浅、外衣深的衬托，上身浅、下身深的衬托等等。

◎ 呼应法

呼应法是着装色彩设计配套中能起到较好艺术效果的一种方法。着装色彩中有上下呼应，也有内外呼应。任何色彩在整体着装设计上最好不要孤立出现，需要有同种色或同类色块与其呼应。如：服饰为玫瑰红色，发结也可选用此色，以一点与一片呼应；裙子确定为藏蓝色，项链坠和耳饰可以用蓝宝石，以数点与一片呼应；项链、手表、戒

指、腰带卡和鞋饰都用金色，可形成数点之间彼此呼应；领带与西服外衣都是深灰色的，以小面与大面形成呼应。总之，使对比各方面在呼应后，得以紧密结合成统一的整体。

◎ 点缀法

着装色彩设计中的色彩点缀至关重要，往往起着画龙点睛的作用。如在素静的冷色调中，点缀暖色调，使色彩显得高雅而有生气。穿蓝底黑花上衣和裙子，深蓝色内衣，配上蓝色帽子，帽边镶黑色，仅以金色项链和朱红鸡心宝石来点缀，显得格外高雅大方。一般来说，点缀之色，面积不大，但与大面积色调往往是对比之色，起到一种强调与点睛之笔的效果。

◎ 谐调法

这种方法可以使对比的或强烈的色彩柔和谐调起来，起着微妙的连结作用。如穿红衣裙和红皮鞋，套上白色抽纱外衣，外面配上白色绢花，戴上白色耳环，手提白色皮包，以白色来缓冲红色，使红色因淡化而柔和一些，显得艳而不俗、动中有静、典雅大方。在色彩对比与和谐关系上，色彩与色彩之间缓冲过渡与衔接非常重要。七色顺序排列衔接，既鲜明生动又非常和谐。如果上衣大红色，裙子是绿色，就有不谐调、不衔接之感，但若要在腰上扎上一条黑色宽腰带，肩上背个黑书包，就会使强烈的红绿对比谐调起来。

搭配锦囊

◇ 保守职场的管理者的服装颜色一般都以暗色为首选。暗色的服饰颜色有普蓝色、钢灰色、墨绿色、暗枣红色、炭灰色、深咖啡色、暗葡萄紫色等，它们与不同明度的色彩搭配时会产生不同的效果：暗色和高明度的颜色组合，会有鲜明、强烈的感觉，比如暗酒红色配米驼色，深蓝色配浅黄色，炭灰色配浅粉色等；与中等明度的色彩组合有相对柔和、朴素的感觉，比如暗葡萄紫色配中褐绿色，用墨绿色配灰红豆沙色，用钢灰色配肉桂色等。

◇ 许多职业男士下身喜欢穿深色的裤装，上身则是浅色的衬衫或外衣，然而这样搭配多会产生上身长、下身短的感觉。如果希望调节上下身的比例，建议尽量在上身穿中间明度、低明度颜色的服装，下身穿中间偏高明度或高明度颜色的裤装。比如上身穿暗酒红色、灰蓝色、深蓝色、炭灰色、墨绿色的马球衫，搭配卡其色、灰米驼色、灰褐绿色、浅灰蓝色等的裤装，再系一条休闲的铜扣牛皮带，不但会使身体有向上延伸的感觉，还会显得很有男人气概。

◇ 在视觉上，既不过分刺激，又不过分暧昧的配色才是调和的。配色的调和取决于是否明快。过分的刺激或者过分的暧昧都会使人产生一种不愉快的情绪。变化和统一是配色的基本法则。变化里面要求统一，统一里面要求变化，各种色彩相辅相成才能取得配色美。

◇ 色彩的面积对比和均衡产生不同的色彩效果。在配色中强的色要适当缩小面积，较弱的色要适当扩大面积，这是色彩均衡的一般法则。如果在一幅色彩构图中使用了与调和比例不同的配色，有意识的让一种色彩占支配地位，将会取得各种富有感染力的效果。

◇ 配色必须考虑到用途和目的。如：用于仪表、交通信号、路标的色彩要求醒目突出。用于工作场所的色彩一般应选用柔和明亮的配色，避免使用过分刺激容易导致视觉疲劳降低工作效率的对比强烈的配色。

内装与外装色彩的搭配

服装的搭配讲求协调，突出整体美。里外服装的配套，主要是外套与内衣的组合。由于外套全部显露在表面，而内衣则部分被遮掩，有时甚至只露出领子、袖口等极小部分，面积相对减少，所以色彩的对比有着明显的大小、主次之分。

内装与外装的色彩搭配应宾主分明、层次清楚，采取互相衬托的手法。明度因素的对比最为重要，外衣深则内衣浅，外衣浅则内衣深。但在色相和纯度方面的对比，也应拉开适当的反差。如果内外衣色彩过分接近，则作为服装视觉重点的领、胸部位，就会模糊一片而缺乏生气。例如，黑色外套若配上白色内衣，露出白色衣领，会使人显得庄重、气派；若配上浅蓝灰衣领，则使中老年男性显得老成持重；若配以粉红色衣领，将使青年女性显得既端庄又妩媚。

采用花色面料的内外衣配套，多采取内花色，外单色，或内单色，外花色。如果内外都花，将会使人产生混乱的感觉，效果不佳。比如，女士的外衣是一件非常时尚的大花图案，建议一定要选择外衣花色中的某种主颜色作为内衣的单色色彩，品味高的女士一般会选择外衣花色中纯度低的颜色，否则若选择纯度高的艳色作为内衣色，整个人会显得花团锦簇，有些俗气。男士穿西服时，西服面料若为人字呢、条纹、格子等图案，衬衫和领带最好是单色。衬衫若有格子、条纹等图案，西服和领带最好选择单色。领带若选择带图案的，西服和衬衫则最好是单色。

里外服装配套的色彩对比，可采用强烈的手法，也可用柔和的手法。例如用宝蓝色作为外衣色彩，内配上同样流行的色彩玫瑰红色，则两者在色相和明度上都有较大的对比度，能给人以生动、活泼的时尚感。如用深浅不同明度的灰色及灰蓝色条纹面料做上装，内衣采用浅灰色，比灰蓝条纹的纯度要低，则给人内、外衣色彩配套主调感强，单纯而不单调，柔和而有层次，效果协调、和谐。选用类似色相组配时，感觉亦基本如此。

此外，身材偏胖的人可以把外衣处理成暗色或浊色，内衣是清色。偏瘦的人适合外面穿清色调的服饰，里面穿暗色或浊色的服饰。肤色明度高的人，可以考虑把明度高或低的颜色放在大的服饰面积中；肤色明度低的人，最好把浅的清色调在小面积的服饰中使用，防止高于肤色明度的浅色对肤色做出反衬。

时尚锦囊

◇ 同一灰色在黑底上发亮，在白底上变深。

◇ 同一黑色在红底上略呈绿灰色，在绿底上略呈红灰色，在紫底上略呈黄灰色，在黄底上略呈紫灰色。

◇ 同一灰色在红、橙、黄、绿、青、紫底上都稍带有背景色的补色，红若与紫并置，红倾向于橙，紫倾向于蓝。相邻之色都倾向于将对方推向自己的补色方向，红与绿并置，红更觉其红，绿更觉其绿。

上装与下装色彩的搭配

上、下装的搭配，也就是指上衣与裤子或上衣与裙子等相配。在上下装的色彩搭配方面，一般是上衣色彩浅，下衣色彩深，以增强人的稳定感。当然也有上衣深、下衣浅的情况，则能给人以动感和时髦感。

上、下装的色彩搭配不同于内、外装色彩搭配，它因显露在外面，给人最直接的视觉效果，因此，要特别注意上、下装色彩的面积比例。通常来讲，上、下装多采用3∶5或5∶8等近似黄金比例，但也有例外情况，这时，就需要强调其色彩的面积优势，例如深灰隐条西装下配大红色筒裙，由于上、下面积相仿，在上装的领口、袖口镶上裙子的大红色彩，同时再加一顶大红帽子，这样，不但使上、下色彩之间有了呼应与节奏感，并且还打破了上、下面积相近的感觉。

在服饰的面积比例关系中，色相也是需要考虑的因素。若想显得简洁、干练、利落，可以选择小面积和大面积的相远色相作为色彩的搭配关系，比如女士的上衣为深紫红色、内衣为浅灰驼色、下装为中灰驼色。若想显得柔和、温雅一些，可以选择相近色相的搭配，比如熏衣草色的连衣裙外搭配暗紫色的短外衣，这样的颜色搭配一定要在面积比

例关系和谐的基础上进行。

需要注意的是，在色相对比方面，除了某些戏剧、舞蹈、表演性服装外，上、下之间一般不宜过于刺激。如采用黄与紫、红与绿这样的搭配，会使人感到过于刺眼、艳俗，即使中间附加黑色或金色的腰带，仍难解决色彩之间的过渡和衔接问题。因此，可用淡化的手法，例如红色上装配白色裙子，或黑色上装配红色裙子。

如果采用对比色相的方法，最好拉开两色相之间的明度或纯度差距，如淡绿衬衣配红裙，或是红色上装配深墨绿裙，色彩的刺激度会得到相对的缓冲和协调。

此外，服饰搭配时的纯度色彩关系也需要考虑到面积比例中，比如男士上身穿一件低纯度的灰褐绿色夹克，内配一件纯度较高的明黄色针织衫，下身穿一条中等纯度的驼黄色的卡其布裤，由于比例与色彩适中会让人觉得十分和谐。

选用花色面料时，以上衣花色配下衣单色或上衣单色配下衣花色为宜。比如说，如果裙子用单色，而此色恰是上衣花色中的某一色，上下色彩呼应，大大增强整体美感。如上衣花色由灰红棕、浅蓝灰、深灰蓝、浅莲灰等色组成，则裙色选用灰红棕色为宜。

如果上下都用花色面料，最好选择同一花型色彩。否则，如上下组配两种不同花色的面料，在花型大小、明度等方面反差不太明显，则整体色彩效果将会使人眼花缭乱而显得花哨或俗气。

另外，单件服装的色彩怎样选择呢？

单件服装即指单件上装或下装，也包括上、下装连体的连衣裙、旗袍、大衣、晚礼服等。

从配套的角度来说，单件的内衣、外衣、上装、下装只是整体套装的一个组成部分，因此，当你在挑选单件服装时要考虑与其他服装色彩的协调，色彩不宜太多，最好选用单色。

单件服装的面料选择有花色的，也有多色镶拼的，但一般以单色为主。多色镶拼的单件服装，有色块镶拼和特色工艺两种。镶拼的滑雪衫、夹克等服装，胸、背、襟、领、袖、肩等部位都用不同色彩拼接。儿童、青年及运动装色彩对比应强烈；中老年服和日常服宜柔和。例如红、蓝、紫色的镶拼（强对比效果），红咖啡、熟褐、灰色的镶拼（弱对比效果）。

特色工艺服装设计及制作时，采用镶、滚、贴、嵌、绣、荡等手法，一般都在领、袖口、胸、门襟及下摆等部位安排不同色彩的线，以求打破单件服装色彩的单调感，并取得与其他服装色彩相呼应的整体感。由于它们在整件服装上占的面积较小，仅起点缀、装饰的作用，因此，选择的色彩无论是同一色相、类似色相、对比色相，或是无彩色、金银色，都要与服装色彩在色相、明度、纯度的某一方面有较大的反差，色彩之间有明显的层次感，否则，主色与次色模糊难辨，就会失去了变化、装饰的作用。例如白地黑色小格子外套，在门襟、袋口、袖口镶上较粗的黑色滚边；铁锈红外套滚上银灰色的接缝线及肩线等。

此外，连衣裙之类的单件衣服多选用现成的花色或单色面料，但随着服装设计的个性化发展，又开发了部位印花的方法，为单件衣服的色彩处理提供了新的成功实例。如服装厂与丝绸印花厂共同合作制成的部位印花连衣裙，先将白色或单色面料做出成衣，然后在领、肩、胸、腰、摆等部位绘上彩色的合适纹样，再拆开衣片加工印制，最后裁、缝而成。不但色彩上下呼应、浑然一体，还将服装的款式、图案、色彩设计巧妙地结合起来。例如白地系带裙上，图案用暖咖啡色，胸腰部外文字选用橘色，系带及裙部纹样用熟褐色。

又如白地连衣裙的领圈、袖口、裙边选用流行的宝蓝色，胸花、裙花选用姜黄色和蓝色。

搭配锦囊

◇ 在普通的职业时段中，男士不必穿着成套的西装上班，可以将几套不同颜色的西服上衣和下装的颜色分别搭配来穿，也可以选择用质量好的卡其布裤搭配西服上装的方法。如果下身长度不太理想，千万不要选择上浅下深、上长下短的颜色和比例的搭配方式，因为颜色的收缩感会使腿部看上去更短。

◇ 图案在服饰中的确可以起到画龙点睛的作用，但是仍建议最好走简约路线，服饰中的图案最好只在一处出现。例如，带有装饰性图案的服装，如圆点、条纹、花色、格子等，不应同时将这几种图案在自己的身上罗列起来。

◇ 比如穿一件格呢的大衣，可以手挎一个相似格子的手提包，就产生了面积的变化和图案的呼应关系，会显得很有整体感。

服装与饰品色彩的配套

服饰美是一个整体，能与服装相配的饰物与配件种类很多，特别是女装配件，更是琳琅满目。主要有首饰、纽扣、鞋、帽、袜、手套、围巾、领带、腰带、钱包、提袋等，甚至包括眼镜在内。

就首饰而言，还可分为发夹、项链、耳环、戒指、领针、胸针、手镯等。这些饰物和配件若与服装组合得当，能起到锦上添花、画龙点睛的作用；但若装点不妥，则会破坏整体色彩的协调气氛，显得喧宾夺主、画蛇添足，无法达到与服装相得益彰的目的。

鞋与帽子比较，帽子更处于服装的视觉中心，色彩应尽量和上装相同或更浅淡些。例如大红、宝蓝、白等色交织的花色上衣，配宝蓝色的帽子就很合适。

鞋的色彩应取含灰色或黑、白色，尽量和下装色彩融合。如果鞋色选用纯度高的色彩，则应与服装其他部位的色彩有所呼应。例如穿宝蓝色的皮鞋，可与宝蓝色的腰带或围巾相配。

袜子与手套相比，手套使用的场所较少，但手的部位却引人注目。由于手经常在活动，为避免喧宾夺主，手套宜选用浅淡的含灰色，不要过于鲜艳。在穿着富丽的晚礼服时，则用黑色或白色手套为佳，以求与五光十色的气氛相协调。

袜子几乎时时要用，与裙、裤、鞋相组配，色彩以接近肤色的含灰色为宜，一般不要太深、太花、太鲜。

围巾与腰带，在整套服装配色中至关重要。围巾可以缓和服装色彩不太协调的矛盾，亦能产生活跃色彩的作用，更易补充、加强色彩面积以突出主色调。如深色西装配红色的裙、帽，色彩略感闷气，若选用一条白色围巾后，整体感觉就显得轻松活泼多了。围巾以单色为主，花色围巾宜配单色服装。

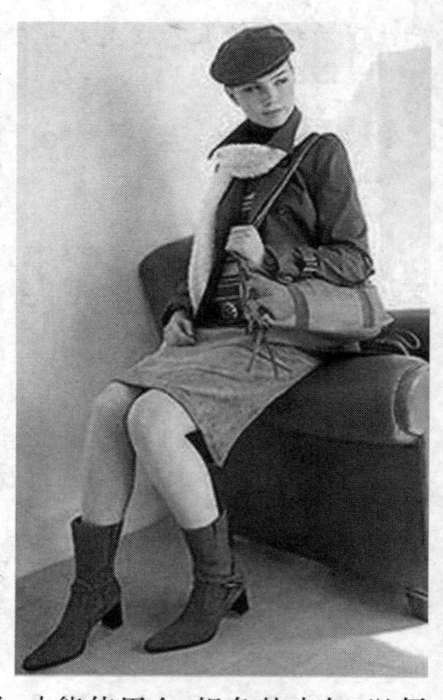

腰带的色彩作用一是承上启下，衔接上下装色彩；二是上下装色彩对比过于强烈或过于微弱时，发挥缓冲、隔离的功能。例如宝蓝色的外套配灰色的裙子和浅灰蓝、白蓝条衬衣，腰部连接处明度对比较弱，加上黑色宽腰带后，上、下、内、外的色彩效果就显得既整体协调，又精神焕发。另外，含灰色和与服装同色的腰带可避免暴露较粗的腰身，而金、银等闪光腰带则能更好地衬托服装色彩。

包、袋的色彩一般应避免过于突出，最好与围巾、鞋等同色，或选用含灰色及无彩色，以便与各种服装色彩相配合。穿用晚礼服参加社交活动时，才能使用金、银色的小包，以便与高贵、华丽的环境相协调。

首饰与其他配件不同，虽然一般体积都不大，若佩戴得体，却最能发挥“画龙点睛”和增添光彩的作用，从而使女性显得妩媚、优雅、增添高贵的风韵。但若装饰过度，与服装色彩平分秋色，就会弄巧成拙，显得十分俗气。所以一般以佩戴三件为宜，项链、耳环、戒指或胸针，最多不超过五件（加手镯），而且形态、色彩尽量和服装的款式、图案、色彩有相似之处，力求格调一致。例如白色上红、蓝横条的服装，颈部佩红、蓝珠的项链组成弧线，耳下垂红、蓝珠串的耳饰构成直线，色彩及形体曲直对比。再如不同明度的玫瑰红色、不同宽度的直条组成的服装，配圆形片状的白色项链，头扎玫瑰红色缎带，耳佩浅雪青色扁圆耳环，非常协调，为打破色彩过于单一的格局，再戴一副蓝色镜片眼镜，以作点缀。

搭配锦囊

◇ 对于任何服饰来说，经典的珠宝饰物佩戴起来总是相得益彰，如：珍珠耳环、钻石饰纽、名贵玉石制成的耳坠、小巧的戒指、连环式的手链和项链、单股或多股的珍珠、由纯银珠子串起来的短项链、有古典味道的发夹、家传的项链坠，还有仿玳瑁手镯等。但需要注意的是，切忌在手指上戴满戒指，手腕、脚腕上戴满镯子，这会让人感觉非常俗气缺乏品位。

◇ 在选择适合自己的首饰时，应考虑下面这些能够起到色彩搭配作用的选择，比如说黄金或者白银的纯色系列，或者是珍珠系列，再或者是被黄金、白银包裹着的蓝色、黑色和红色的彩色宝石。

◇ 当佩戴金、银饰物的时候，一定要与其他饰物相呼应，即如果你戴了一个金耳环或是金手链，那就一定要保证你的项链或者领带夹也是金的。

套装的整体色彩组合

套装的整体组合也就是指内衣、外套、下装、首饰、配件等的搭配，欲使各部分色彩之间产生整体的谐调感、统一感，最重要的是应抓住主调色彩，使之成为支配性色彩要素，而其他色彩都与它发生联系。主色调要安排最大的面积，然后适当配置小面积的辅助色、点缀色、调和色等，采用各种配色美的手法，做到用色单纯而不单调，层次丰富而不杂乱，主次呼应，互相关联，既统一又有变化。

为使色调增强整体感，在套装色彩组合中，除选用花色面料的情况以外，所选择的色相一般不要超过三个。例如，选用宝蓝色为主色调，则外套用宝蓝色，因外套色彩面积较大，而且处于观者的视觉中心，所以较引人注目。裙子可选用明度略高于宝蓝的浅灰色，内衣选用白色，也可用浅蓝色，浅蓝色上衣用宝蓝、白色细条纹的衣料，然后在外套袖口镶上裙料细边，这样，不但套装色彩的整体效果强，而且流行意识也很突出。首饰用小面积的对比色，如金色、浅红紫色等。鞋袜用灰色，也可用蓝色，以加强色调优势。

套装的整体色彩搭配若从色调角度考虑，可以归纳成下列各种类型：

◎ 明亮、浅淡色彩的组合在所选择的色彩中大部分含有浅灰色或白色，配以少量的深色或鲜色，色调淡雅、明快，富有成熟感、传统感、女性感、朦胧感。

◎ 深暗色彩的组合在所选择的色彩中大部分含有深灰色或黑色，配以少量的浅色或鲜色，色调深沉、坚实，富有朴实感、男性感、稳重感。

◎ 中间色彩的组合在所选择的色彩中大部分含有中灰色，配以少量的深色或浅色或鲜色，色调适中、朴素，富有自然感、健康感、温和感。

◎ 鲜艳色彩的组合在所选择的色彩中大部分是高纯度色，配以少量的含灰色或无彩色，色调活泼、鲜艳，富有运动感、华丽感、青春感。

根据色相对比的不同，可以将以上每种色调组合类型分成类似、中差、对比等种类。

此外，在套装色彩组合中，无彩色黑、白、灰之间的配调及与有彩色的配调，也是常用的类型，其效果甚为统一、大方。这里，又可分为以黑为主、以白为主、以灰为主、以有彩色为主等多种形式。

搭配锦囊

因为腿粗而不敢穿裙子的女性只要懂得衣服的搭配技巧，慎重选择款式和花样，即使是穿迷你裙、格子裙或短裤，也能展现出修长感。

◇ 百褶裙配紧身袜裤。紧身袜裤与上半身的毛衣同是深褐色，可显现苗条的身段。下半身的黄褐色格子裙也是引人注目的焦点。围巾的颜色与裙子中明亮的黄色同色，使整体更生动，视线也往上提升。简单的鞋子也十分帅气。这样的穿扮，可掩饰过粗的双腿。

◇ 长圆裙配上紧身袜裤。深蓝色的套装散发着一股清新的气息。有腰身且下摆圆弧设计的长外套与过膝圆裙的组合，配上黑色的紧身袜裤，能使过粗的双腿看起来纤细。

◇ 使用窄裙上醒目的口袋和皮带装饰物。双腿粗的人，常不敢穿窄裙。其实，你可以选择有口袋且袋口有金质亮片装饰的窄裙；腰部的粗皮带及皮带扣也能转移别人的视线，这样就可以轻松地穿窄裙了。

◇ 穿至膝盖上方的短裤。穿着膝盖上方的阔摆短裤，显得健康明快，配合条纹外套和白色的T恤，使视线向上移，双腿也因此而显得修长。

◇ 方格长裤与上衣及其他饰物同一色系，全身穿着同色系的服装，可强调身材的曲线。穿着酒红色的方格长裤时，上衣也应搭配同色系的，加上同色系的帽子、丝巾，十分醒目，能让人的视线往上移，可达修长之效 。

四季着装色彩搭配

每种色彩给予人们不同的感受，就像是一年里的四个季节，会有不一样的气候。

春天的色彩

春天到了，万物复苏，大地呈现一派新的景象，粉嫩如鲜花般的色彩在春天里翩翩起舞。

在穿着上想突出春天的感觉，并不代表全身都穿得很粉嫩，运用深浅搭配的方法，将粉嫩的色彩强调在某一部分，即可营造出春天的味道。

适合春天的色彩有粉绿、鹅黄、粉蓝、淡橘、米白、骆驼色等。但需注意的是，由于春天的色彩比较粉嫩，对于肤色较黑的朋友来说，在搭配上最好能选择与肤色协调的色彩，以免看起来精神不振。

若想在五彩缤纷的春天成为引人注目的焦点人物，你可以摒弃那些俗艳的色彩，而选择单一的白色。白色分为米白色、象牙白或珍珠白等，想要达到完美效果的秘诀，便是尽量保持上下装的白色一致。对于腰部赘肉比较多的女孩，在白色的小西装外套里面穿深色的 T 恤或衬衫，就会起到很好的收紧视觉效果。

此外，为了突出春天百花争艳的特点，可以选择些花朵图样的印花洋装，但对于样式的挑选要小心，以免流于俗气。或者在不同风格的衣服里面加入条纹元素，将条纹的简洁和大方融入其中。一条随意的条纹围巾，一件简单的条纹上衣，或者一双别致的条纹袜套，就能把搭配的魅力发挥到极致，使整个人看上去更加美丽时髦。

例如，宽条纹背心、同色细条纹衬衫搭配长裙，标榜出独特的形象；出席小型派对时，解开短外套，将富于色彩的条纹衬衣外露，配上一条风格别致的腰链，能充分展现你的女性魅力；在手袋和小饰品的搭配上，条纹衬衫比其他服装有更广阔的选择空间，条纹衬衫宜搭配同色系的条纹丝巾或发带。

春天的气候常忽冷忽热，因此在穿着上，最好以多层次的穿着为主（例如两件式的羊毛衫），才能保护自己在多变的天气中，不轻易受风寒的袭击。

搭配锦囊

春天是属于裤子的季节，搭配小西装，既显得干练，又在隐约中传递出绽放的春意。不过不同裤型对身材的要求也不尽相同，只有对裤子有足够的了解，才能让双腿的魅力得到充分展示。

◇ 白色直筒西裤搭配同色系西服上衣，整体效果时尚干练，是白领女性的首选装扮。

◇ 垂感很好的黑色直筒西裤，搭配一件黑色小针织衫，展现了黑色的优雅气质。

◇ 银色长裤搭配银色高跟鞋，如此个性的颜色当然是春季的流行风格。

◇ 大大的裤口盖住了脚的白色长裤，搭配一件短款西服，在视觉上拉长了腿部的长度，使人显得修长、苗条。

◇ 黑色长裤，搭配白色西服上衣，演绎黑白的经典搭配，优雅而更具知性气质。

◇ 米色西裤搭配灰色系西服，简洁而低调，柔和的色调展现女性温柔的一面。

◇ 黑色西裤搭配灰色西服，个性的领子设计使着装增加了亮点，长长的西裤使腿部线条更笔直。

◇ 白色裙裤式九分裤，打破了传统西裤的正式，更具个性时尚的气息。

夏天的色彩

骄阳似火的夏季，愈是明亮的色彩，愈能展现夏之风情。

夏季是充满欢乐、趣味、轻松，以及阳光的时节，因此在色彩的选择上，多以鲜艳明亮的颜色为主，例如天蓝、浅绿、粉紫、桃红等。

但需要注意的是，鲜艳明亮的夏季服装的款式及图案应以简单为宜，避免过多的花样和复杂的图案出现在身上，以免给人杂乱无章的感觉。并且，对于体型较大、体重不轻的女性来说，穿着明亮膨胀的色调需要格外注意，简单合宜的款式、细直条或碎小的图案为较佳的选择。

总之，夏天的衣着色彩应尽量以清爽为原则，在材质上应挑选吸汗透气的天然布料为佳，像纯棉、麻料、丝质的 T 恤衫都十分凉爽，兼顾健康与舒适。

搭配锦囊

小巧玲珑的你若为身材的矮小而烦恼，并完全失去信心的话，不妨在穿衣打扮方面参照以下方法：

◇短上衣＋及膝裙或短裤，裙子越长越显得矮，最好的长度是及膝或膝上长度为准，短裤、合体的七分裤、八分裤、喇叭裤都能令矮个子的腿型变得修长。

◇用配件将视线焦点上移，例如颈部或头部的围巾、饰品等可将旁人视线上移，胸口有文字图案的服饰一样有这个效果。

◇宜挑选清晰鲜明的色系，深色服装虽会令人显得瘦，但也会使人变得更矮小，色彩鲜明、单纯的服装最适宜矮个子女孩。喜欢暗沉、素净色彩的矮个子女孩，可以挑选稳重又不乏生气的墨绿衫。

◇无袖上衣＋紧贴身型的长裤，无袖上衣会令人的身体变窄，紧贴身型的长裤令腿部看起来完美修长。

秋天的色彩

在硕果累累的秋季,温暖的色彩让人感受到浪漫的气氛。

适合秋天的色彩,以大自然的色调为主,例如橄榄绿、枣红、咖啡色、深紫、蓝绿色等温暖的色彩,虽然明度比夏季逊色许多,但这些令人亲近的色彩的变化性却依旧多样,在搭配上也属于易搭配的色彩。

此外,适合秋天色彩的饰品,最好以质感较佳的饰品为主(如珍珠、金色项链等),这样看起来会显得更有气质。并且,需要注意的是,像土耳其玉般的蓝绿色并不适合运用在套装的穿着上,因为看起来会显得有些沉闷,但是若运用在洋装、晚礼服上,就会有一种贵族般的高贵气质。

搭配锦囊

肥胖的女性常常为自己的身材苦恼,不知如何穿着才漂亮。其实,只要成功地运用颜色的搭配、设计的技巧,便能装扮出迷人的风采。

◇以暗色的直条纹套装展现优雅的品味,细长的白条纹套装有修长感。裙子的皱褶可掩饰过粗的腰围,白色的衣领非常典雅,颇适合肥胖者在正式场合穿着。

◇暗色圆领的外套加非褶裙可添加优雅感,圆领外套加非褶裙的装扮,可显示纤细的一面,白色衬衫是重点的点缀,给人清爽的印象,整体看起来也会不失优雅。

◇连衣裙、袜裤和饰品统一为黑色,表现外套的细致穿单件西装外套时,以黑色的连衣裙、袜裤、鞋子、手套、帽子、手袋作组合,并以金质项链来点缀,表现外套的细致,更使你在神秘之中显现出迷人的身段。

◇在飘逸的白色圆裙上,搭配合身的上衣。想穿着白裙子时,圆裙比长筒紧身裙更能掩饰过胖的身材。合身的深色上衣和白色大圆裙,巧妙地衬托出纤细的腰身。一串复古的长项链点缀,使你成为韵味十足的淑女。

◇以深色的牛仔裤束起上衣,穿出最棒的身材。牛仔裤一直深受人们的喜爱,穿上适合体形的牛仔裤,不仅可掩饰身材的缺点,还能表现一份年轻与自信。肥胖的人只要将深色的牛仔裤束起上衣,并用皮带点缀,有份量的身材就变得纤细许多了。

冬天的色彩

寒冷的冬季呈现出一派萧条的景象,因此与当季色彩相适应的为土黄的大地色系,以及灰调的金属色系。就颜色而言,土黄、褐色能缓和冬天阴冷的感觉,增添些许的温暖与友善;而深浅不一的雾灰色调,则使得穿着者看起来值得信赖,较具有权威感。

以褐色系为主调的衣着打扮,温和、成熟、聪慧,女性穿褐色系的服装,会增加温柔亲切的感觉,同时也显得专业而大方,适合需要常与人沟通的上班族。褐色系的色调变化无穷,可以选择黄玉色、浅棕色、肉桂色、黄土色、橘黄色、巧克力色等。穿一件茶褐色细格宽松西装样式的罩衫,配一条咖啡色长裤或西装裙,里面穿上一件浅棕色的紧身毛衣。同色系的搭配,让你显得气度不凡,与众不同。

如果将浅褐色的服装拆开,再配上其他色彩的外套、毛衣、裤子、或是裙子,都能够变化出更丰富的衣着风格。若浅褐色加入了其他色彩,不妨以金银双色的手表或饰品与之搭配。

灰色服装是黑色服装的淡化,是白色服装的深化,它具有黑色与白色两者的优点,更具高雅、稳重的风韵。由于灰色服装深沉意蕴而倍受男士的青睐。对女性而言,灰色的西服、夹克、套裙能产生一种温文尔雅的气度。尤其浅淡的灰色是女士追求文静的理想套裙用色;中年人穿着中灰色服装,显得大方自然;老年人穿着深灰色服装,显得深沉、稳重,给人以和蔼、亲切的感觉。

灰色系的服装是较容易搭配的色彩,可搭配白色、紫色、暗红、浅蓝、黑色等。但灰色调的服装在穿着时要注意色彩与款式的挑选,以

免看起来无精打彩。

褐色和灰色属于冬季经典的颜色，如果嫌单色过于乏味，可以选择格子图纹或别致的表面织法（例如麻花状）来丰富视觉。不过，冬天衣着除了色彩的选择外，质料的保暖与否当然是最重要的考量。

搭配锦囊

胸部能体现出女人的曲线美，被誉为“太平公主”的美眉在选择衣服时，剪裁和款式是重点，太紧的上衣会使胸部看起来更平，不过不要担心，只要学会选择和搭配的秘诀，胸小的缺陷就会被掩盖。

这样穿最好：

◇胸前有口袋或特别花样的上衣，可增加发散的效果。

◇胸前有抓褶或绑带的设计会让胸部看起来比较大。

◇选择有纹路的布料或横线条上衣，让上围看起来丰腴些。

◇有垫肩设计的外套，会使胸部看起来比较挺，值得选购一件。

◇选择较宽版的连衣长裙，里头搭配衬衫或针织衫可加强丰胸视觉。

◇两件式和多层次的穿法可造成视觉上的错觉，制造出丰满的效果。

◇泳装的款式不妨选择胸线有折边或绉褶，布料高亮度也能让胸部更丰满。

◇舒适而贴身的衣服会显露胸型，在外面搭配背心或小外套，看起来比较有份量。

千万不能这样穿：

◇太露、太紧的上衣。

◇领形的挑选是重点，翻领的设计很适合你，不过高领及 V 形领要尽量避免。

◇厚重的布料不适合你，选择质软但不松垮的剪裁比较适合你的身材。

◇禁忌单穿丝质、针织衫，一定要做两件式搭配。

五、不同社交场合的着装

不同的场合对着装有不同的要求，是指服饰的穿着要与所处场合的气氛相和谐。一般来说，应事先有针对性地了解活动的内容和参加人员的情况，挑选穿着合乎场合气氛的服饰，使自己的服饰与场合气氛相融洽。

如在正式、严肃的社交场合，人们的着装应庄重、大方。在闲暇度假的时候，则不要穿得太正规，可穿上明快、整洁的便装，要是西装革履的，反而与环境不协调。

面　试

在机遇和挑战并存的21世纪里，求职竞争的压力越来越大，如果工作待遇相当吸引人，前去竞争同一岗位的人一定不少，显然，在众多竞争者中，第一印象非常重要。面试成败与否，除了你表现出的语言表达和应变能力及工作能力以外，着装技巧也起着不可忽视的作用。合宜、得体的着装既可以展示自身的品貌风味，并且能在10秒钟之内给人留下良好的第一印象，从而增加面试成功的几率。既然外在形象可以反映出人的内在素质，因此，穿什么衣服去面试就很重要了。

一些求职者因对如何着装缺乏了解，他们错误地认为打扮越暴露越花哨越高级越好，但事实并非如此。在求职过程中，求职者的着装应与自身的气质、个性、修养和能力相符。过分的矫揉造作只能起相反的效果，令面试官对你产生不好的印象，怀疑你是只会打扮而不能安心工作的人。当然，过于保守沉闷的服装会给人呆板不善交际的感觉，让人觉得你永远只处于服从地位，不具备领导才能。

◎女士着装

女性的服装款式众多，但在面试求职时，套裙是首选。套裙的颜色以冷色调为主，比如炭黑、雪青、紫红色等。上衣和裙子可以是一色的，也可以采用上浅下深或上深下浅的组合。在面料选择方面，应选用高档面料缝制的套装，上衣和裙子要采用同一质地、色彩的面料。在款式选择方面，上衣要注重平整、贴身，较少使用饰物和花边进行点缀，并且裙子要以窄裙为主。

值得注意的是，套裙的裙长不能太短，将双手垂于身体两侧，如裙子下摆不及指间，则说明太短了。女士以穿长袖衬衫为宜。袖口可以稍稍从外套袖口露一点出来，这样可以给人一种职业的感觉。夏天也可选择短袖。首饰不要花哨，化妆要越淡越好。以健康、自然为标准。不要喷过多香水。

在着装搭配方面，为了彰显自信与稳重，着装采用同色搭配的形式比较好，这种搭配采取色调不同层次的变化，给人以端庄、沉静和稳重的感觉，适合于气质优雅的成熟女性；银灰色和棕色是很适合这一特点的。如果你比较喜欢灰色，不妨用它来做主色，比如，内穿蓝灰色低领上衣，加一件银灰色镂空花罩衫，下面搭配浅灰色西装裙，上松下紧，将女性的优美身材显现出来；并且身材高瘦的女性穿上后显得苗条修长，身材丰满的女性也会显得高挑些。在腰上系一条银灰色腰带，突出你的纤纤细腰；手包最好也是银灰色的，与腰带相呼应，还可以再戴上一副银色耳环。有这样一套气质高雅的服饰，加上你卓越的才能，相信一定会在众多竞争者中脱颖而出。

如果你应聘的职位是高级管理人员，如主管级或经理级职位，你的打扮必须让人感觉你来自较高阶层，比你所应聘的工作职位高一级。这时，你的最佳服装应选择中级蓝色、深蓝色、浅颜色的套装；里面穿一件无蕾丝花边、式样简洁的白色或浅蓝色上衣；头发梳成简单的形状，长发要束起来，看起来才会显得干净利落；胸前戴一个价值不菲的胸针，戴上一副浅蓝色耳饰。你可以带个手提箱去面试，它可以增加你的权威感；如果面试主持人为男性时，可以把手提箱换成一个看起来干练的小手包。

◎男士着装

在一些极端保守的行业，如法律、金融等行业，深色西装是男士的首选，藏青色、灰色、暗绿色和深蓝色的西装给人稳重、真诚、干练的感觉。在面料选择方面，最好选择天然织物做的西装，因为人造织物的光泽和质地给人一种廉价的感觉，缺乏垂感。

男士西装的款式应因人的体型而异，一般而言，体瘦的人适宜穿格子或人字斜纹图案的米色、鼠灰色等暖色调西装，这样会显得较为强壮。体胖的人则宜穿直线型的深蓝、深灰、深咖啡色西装，这会显得身体轮廓锐利且苗条。

与西装配套的衬衫无论在任何季节都要选择长袖的，并以没有格子和条纹的白色、浅蓝色为佳。衬衫如有扣，最好选择式样简单的。领带的花色一定要与西服相配。如传统的花纹、宽条纹、水珠图案、轻便风格的纯真丝领带都是不错的选择。领带结要打结实，下端不要长过腰带。

需要注意的是，在富有创造性的行业，比如市场、广告和平面设计等，应该选择一种职业性面料，而且设计要更富有现代气息。你可以想象一套西装反映出你的个性和创造性，只要不过于张扬，就是最好的效果。一个微妙的图案也是可以选择的，正如可以给一套纯色的西装搭配图案优雅的衬衫和领带一样。

搭配禁忌

面试着装禁忌：

◇ 没有擦过的鞋——你脚上的鞋的状态可以决定别人对你的印象。如果你穿一双脏兮兮的鞋子，肯定会令你的主考官大为反感。为了在面试的时候展现出得体的双足，男士应该穿系带深色皮鞋，女士应穿鞋跟适中的紧口鞋。同时应检查鞋跟和鞋面是否有磨损。

◇ 抽丝或有破洞的长筒袜——在出门之前一定要仔细检查，为防止万一。女士出门前应该在公文包或手袋里装一双备用袜。

◇ 浓重的香水味——这是非常没品位的表现。

◇ 荒诞俗气的颜色——要有策略地穿鲜艳的颜色。

◇ 过分或令人分神的饰物——限制自己只佩戴三种有品味的饰物。

◇ 夸张的发型或不自然的化妆——淡妆即可。同时发型不宜让人分神。

◇ 乱七八糟的手袋或公文包——不要提着一个鼓鼓囊囊的公文包,只装最有用的东西。

◇ 忽略指甲——如果你平时不护理自己的手,那么现在你就要好好修剪一下指甲。

◇ 举止不雅——穿上套裙后,站立时不可以双腿叉开,就坐时切忌双腿分开过大、跷起一条腿或抖动脚尖。

招待会、年会

招待会是你会见新朋友和老朋友的最好机会,是对职业前途有巨大影响潜力的集会。

例如,如果由市场广告代理商主持一个招待会,以介绍其有创新意识的新主管,而你又希望向他介绍你的业务,那么,你应穿着时髦一些,以让人觉得你是很有创新思想的人。

不管你穿什么,出席招待会你都需准备好名片,或放在口袋里,或放在名片盒中。以方便拿出来为准,而不是每次都手忙脚乱地寻找。

在下班后直接参加公司一年一度的年会时,着装应能够体现出节日气氛,但要注意不要过于招摇。

男士可以简单打扮一下:外穿黑色或深色西服,内穿法式袖口的白衬衣,打一条稍微鲜艳的领带,譬如有点华丽和彩虹色彩的领带,穿

一双擦亮的黑色皮鞋即可。

女士在外装里穿丝绸宽格的绣花背带背心可改变西装的基调。也可用天鹅绒或缎面外衣换下工作制服和衬衫而增色不少。白天和晚上总相宜的附件包括鳄鱼皮跳舞鞋和小钱包、薄长筒袜等。笨重的手提包或公文包都应留在办公室。此外，再用熠熠发光的耳环和项链点缀一下更好。

搭配锦囊

女士在参加公司年会时，可以采用以下步骤将自己装扮得更靓丽：

A. 稍稍用水打湿面部，以便化妆打底（或者打点粉底，会显得皮肤更加白皙）。

B. 画眼线，使其具有朦胧的效果，画到眼角处往上抬一点。

C. 两腮上涂一点腮红。

D. 选用更亮丽的口红并加上罩光膏。

E. 时间允许的话，应修整眼睫毛或打两层睫毛膏，令眼睛显得更大更有神。

F. 至于长发，可盘成法式髻或面包卷，或加上漂亮的发卡；短发可喷一些定型水，然后用宽齿梳向后梳理，显得干净利落且独具特色。

宴　会

随着社会的发展和各种社交活动的增加，宴会与正式社交活动逐渐受到人们的重视。在参加社交宴会时，对于服饰通常有特定的要求。多数人认为，戴黑领结、穿晚礼服和稍长的衣服是社交宴会的最佳服饰，其实，如何穿出品味又不失礼，就看个人如何运用巧思展现自身的魅力了。

社交活动因为内容的不同，在服装上也会有所区别。职业人士在做到适合自己身材特点、肤色特质、个性风格的穿着前提下，还要注意到参加礼仪活动规模大小的问题，不要出现一身穿得亮闪闪的到现场一看，原来只是清茶一杯的晚间聚会；也不要出现在豪华的晚间礼仪活动时，因为身着牛仔裤、休闲衫的原因不让进入现场的窘境。并且，别以为只要是正式的社交场合，就一定要打扮得有如参加奥斯卡颁奖典礼般隆重；但也不意味着穿着平常上班的衣服就可以了，太过与不及，都只会显示出你对这种场合的陌生与不尊重。因此，在参加晚宴前，最好先明确晚宴的类型，然后再来决定自己该穿何种衣服出席，这样就会避免尴尬情况的发生，让自己在现场更加自信。

◎ 男士着装

和女士着装相比，男士出席社交宴会的着装比较简单，在着装方面基本上是黑领结无尾礼服、礼服衬衫、黑色短袜、优质的黑色真皮皮鞋。总之应该避免有花纹的礼服腰带和夸张的领结，基本的黑色就可以了。

在比较严谨的社交场合，比如正式的舞会，男士可以穿燕尾服搭配白色领结，黑色的无尾礼服也可以，但不要穿得过于夸张。

男士在穿晚礼服时，需要注意以下几个方面：

A. 如果要租晚礼服，应去备有最多著名设计师品牌的商店，挑选最适合自己的衣服，一般以单开胸带 V 形或方形领为佳。

B. 晚礼服的裤子不要卷边，但一般应有一条纹，可匹配上装翻领的面料。

C. 腰带与单开胸上装应相配，并带有向上的褶边。双开胸的上衣由于钉有扣子就不必配腰带。

D. 领结应与上装衣领的面料配套，但不一定是黑色。金色、银色

或色调丰富、布料和式样品味高的领结，都会令你与众不同。

E. 不要让你的衬衫与众不同，至少不考虑带皱的或青绿色衬衣，坚持穿传统的白衬衣带直领或翻领，但要有法式袖口。

◎ 女士着装

对于女士而言，在社交宴会的场合中，正式礼服是所有服装类型中最能展现个人品味与女人味的衣服。礼服可以雅致端庄，亦可清新恬静。个人可根据自己的爱好、心情，选择恰当的服饰。比如穿上一件藕荷色丝绒长旗袍，戴一串珍珠项链，头上扎一条与旗袍同色或稍深些的缎带；或一件紧身长裙，采用沙滩色真丝绉绸，衬托出优美的身段，头发盘成束髻，更显得风度婀娜，仪态优雅。这样的装扮给人的印象是既端庄大方又温柔妩媚。

一般而言，在白天出席的正式场合，打扮要比平日上班时多一些设计感，例如：一套合身又具有设计感的裙式套装，再搭配 1～2 种式样大方、简单的饰品即可。如果是参加晚上举行的晚宴，则装扮应比平时更为华丽，可以采用这样的装扮方法：闪耀着金属光泽的小礼服，搭配精致的项链与耳环，与一个缎面的手提包；挑一件细肩带或无袖的洋装，白天搭配西装外套，看起来就跟一般的上班服没什么两样。下班后，将西装外套褪去，改搭配薄纱罩衫或是披肩，再画上浓一点的妆，并搭配一只宴会用的手提包；若觉得有些素，不够出色，还可以用颜色亮一点的胸针、项链或发饰来做装饰，如此一来，就可以放心地参加宴会了。

礼服的型号分为小礼服、四分之三长礼服、长礼服三种，它的材质有丝质、薄纱、丝绸、塔夫绸及透明硬纱等。在穿礼服时，可以搭配醒目的首饰、宴会专用的无带小皮包、漂亮的系带凉鞋以及透明的丝袜，从而使人看起来充满典雅的气息。

礼服的颜色需要视自身的情况而定，通常来说，闪着暗红色金属光泽的小礼服，就像红酒一样，散发出成熟迷人的气质；适合年轻女性穿着的亮面红色礼服，看起来既华丽又带点可爱的气质；绒布材质的上衣与碎花短裙的组合，看起来既庄重又典雅，适合出席在白天举行的正式宴会。

在高度城市化的氛围中，大自然的美好恬静常引起人们无限的遐想。选择富有情调的色彩，如浅蓝、米黄、湖绿、嫩绿等自然色彩的晚礼服，或随意自然的宽松套装，定会令人耳目一新，联想起万里无云的碧空，斜阳辉映的海滩以及优美宁静的田园风光。

除了礼服以外，身材好的女士还可以这样装扮：选择暗红色或豆沙红色的弹性缎面紧身衣，搭配中性色调的外套，在领部或在胸前佩戴独立色的装饰物，下穿流畅、轻柔、动感的宽腿裤、长褶裙，腰部配一条宽的、装饰性的腰带，这样就会使你的形象大放光彩；上身穿着乔其纱系袖口的罩衫，系在腰部有深褶的、悬垂感强的高腰宽腿裤里，全身的装饰物只是在腰部有一条有亮钻石的细腰饰；上穿高领、露肩款式的莱卡、丝绸、丝绒背心，下配直型、A字形宽腰裙装，头戴一件简洁的镶钻发箍，彰显出一些古典的韵味；上半身合宜的剪裁，腰部以下则采用不规则的蓬裙设计，看起来相当别致；丝质西装外套搭配银灰小洋装，简单庄重中又不失华丽的味道。

在参加宴会时，千万不要为了引人注目而特意穿戴过于古板严肃或者稀奇古怪的服饰。这样的话，不仅影响你的美好形象，还会破坏大家的胃口。

搭配锦囊

礼服与其他服装一样，讲究和谐美，饰品虽然可以为礼服增加光彩，但千万别将所有配件通通往身上披戴，这样反而会适得其反。真正的搭配重点在于质，而不是在于量，要小心华丽不成反而易流为俗气。通常情况下，在穿礼服时，装饰的要求有以下几点。

发饰：只要具有闪亮光泽的发饰，不论是镶有亮片的发圈或带有金属质感的发夹等，恰当地与头发造型搭配，都会是出色的组合。

首饰：设计感比较强烈的胸针或项链与线条简单衣服搭配，常常会有画龙点睛的效果。

披肩、丝巾：想要展现性感的风采，一条华丽的丝绒镂空披肩、半透明的雪纺长丝巾，都可以装点出不错的效果。

晚宴包：穿着一身赴宴的打扮，背着一只平常上班用的皮包实在是不合时宜，此时一个小巧精致的缎面或金属质感晚宴包，就可以派上用场了。

舞会、联谊会

在讲究生活情趣的今天，舞会也成为人们生活中的一部分，参加舞会时的装扮自然不同于日常装扮。总体来说，参加舞会的装束，以热情奔放为基调，既彻底改变上班时的端庄风格，又适应舞会的气氛。

◎舞会

在选择参加舞会的服装时，要根据自己的身材、气质进行着装，一般情况下，跳欧洲比较高雅一些的舞蹈，男士最好穿黑色的西装，而女士则适合穿乳白或粉红的舞裙，这样对比强烈，而且十分的搭配。

同时，你也可以利用舞会的灯光来突出服饰的独特性。一套颜色深浅不同的服装会产生自然的明亮与阴影，可以变幻人体的形态；一套用模糊色、奇异的混合色、闪闪发光的面料和饰物组合成的服装，让人看来闪烁不定，时隐时现。这些大胆的设计随着光线的明暗变化、人体的运动，动感会大大增加，也更自然奔放。

善于运用错觉原理，可以使你在舞会上大放异彩。如选一块质地柔软有海浪图案的面料，在中间挖个洞，做成 360 度的太阳裙，上面再穿一件与裙子相配的罩衫，跳起舞来裙摆展开，图案也增加了动感，看起来潇洒奔放，既像飘逸的蝴蝶，又像起伏的波浪，会为你的舞姿增色不少。

时尚禁忌

参加舞会千万不可趿拉着拖鞋，穿着汗衫、背心或短裤，衣着不整地入场。舞会是高雅的场合，男士应该修面，女士一定要化妆，切忌披头散发，胡子拉碴的入场，令人讨厌。女性进舞场，举止要端庄，不能嬉笑打闹、浓妆艳抹，而选择戴项链，挎坤包，穿着旗袍，则会显得高雅庄重。

◎ 联谊会

在参加联谊会时，引人注目的服饰是取得众人瞩目的一个方法，而平淡无奇的服饰是很难吸引住众人的目光的，当然，这里所谓的引人注目并不是说要穿得大红大绿，满身珠光宝器，而是说要在装扮上略动脑筋，有创意。比如，灰白格长套衫，外套一件红色鸡心领毛背心，束一条黑腰带，再戴一串黑珠项链，下面着一灰色西装裙。将这种装束拆开来看都很普通，然而搭配在一起时的效果就大不一样了，可以不动声色地显示出动人的魅力，自然也能吸引众人的目光。相信许多人都会认为结交这样一位高雅的女性是一件很开心的事。

在举行联谊会时，主持人是必不可少的，当然主持人的装扮也会引起人们的注意与评价，因此主持人的服装一定要醒目，有创新，比如石榴红的服装是比较引人注目的，穿上它必定使你光彩照人，像五月的石榴花般占尽春色。如果你不喜欢单色，也可以选用红底小黑点的面料制作的旗袍式连衣裙，再将一块红底大黑点的方巾斜搭在肩头（如果怕掉下来，可在暗处别住）；头发盘成束髻，戴上一副白色耳饰。高雅脱俗的打扮加上你的聪颖睿智，相信你主持的联谊会必定取得满意的效果。

电视谈话

在今天电视访谈节目、新闻杂志、商务电视、专家讨论和全国地方新闻充斥的时代,你越来越有可能在电视屏幕上亮相。

首次参加电视节目,面对数以万计的观众,如何着装才能让你留下好印象呢?其实,发表电视谈话与日常生活中的其他场合相比,穿着标准比较宽松。正式套装是最佳的服饰选择,而正式或休闲的程度可根据个人喜好与探讨主题而定。

无论是对着成千上万的人发表电视讲话,还是在参加会议时被录像,在着装方面将技术性因素列入服饰考虑的因素也是很重要的,例如强烈的灯光、各种角度的摄像机并不会对所有的衣服一视同仁。

鉴于电视屏幕会放大你的一切细节,所以在上电视之前做一番准备是至关重要的。

◇先看几遍你要上的电视节目,了解其风格特色,以便确定适当的穿着。比如,如果你受到邀请在"新闻30分"栏目中畅谈新兴产业的问题,你就会希望自己看上去像个不折不扣的商人。相反,如果你要上类似"天天厨房"等生活化的电视节目,就没有必要穿得西装革履,只要大方得体就可以了。

◇应事先了解在节目中你是坐着还是站着,因为后者会给你带来较少的麻烦。如果你是坐着。要特别小心你的姿势,因为过于松散的坐姿可能会使你的衬衣或外套起皱。坐直了,但不必过于夸张,免得使你看上去有些僵直。形象设计师们都推荐女士穿裤子。一位媒体界人士曾评论说:"当你穿短裙的时候,总是担心是否会露出大腿部分过多,而穿裤子则少了这些麻烦。"如果你的确想穿短裙,一定要事先照照镜子,确保你在坐着的时候不会走光。也可以试试翘起二郎腿的效果?如果一些女士的腿过粗,则建议不要翘起来,而可以在脚踝的位置交叉。

◇如果你特别喜欢边说话边打手势的话，建议你应事先修好指甲。

在发表电视谈话时，穿纯色服装比较好，条纹衬衫是绝对禁忌，除非是大而稀疏的条纹，因为它们看上去有流动感，而在镜头前面更会产生混乱的效果。大而花哨的图案容易令人分神，而小图案则会在镜头前变得模糊。此外，无论你胖或瘦都不要穿黑色套装，因为这样拍出来的效果无疑是灾难性的。并且，有些颜色通常在电视上效果较差：如红色容易造成光晕，而任何其他过于鲜艳的颜色都会令观众产生视觉上的刺激。因此，在做电视节目前应与有关人员就选择何种颜色进行沟通。

总之，在发表电视谈话时，装扮方面应注意以下几方面：

◇避免装饰繁杂：尽量少戴首饰，一大串项链看上去就像绞索。还应该避免戴夸张的手镯和耳环，因为它们晃来晃去，叮当作响，会分散观众的注意力。而眼镜可能会造成光线的问题，而且它们还形成了你和观众之间的一道屏障，所以应尽可能不戴眼镜，或者戴隐形眼镜。

◇穿一件外套：外套能帮助隐藏因肥胖而隆起的部位，从而产生平滑的轮廓，而且还有助于放置便携式的麦克风或电线。

◇适当化妆：灯光散发的热会使皮肤出汗，所以至少要在脸上扑上一层粉。男士也应如此，至于女士，理想的妆容应该是平常的自然妆，再稍微润色一下。大多数电视节目都配置自己的化妆师。但是如果你必须亲自动手的话，可以加一点腮红，以抵消强光打在脸上发白的效果，再补一点唇膏并抹一点吸油的粉。

而对于平常不化妆的人来说，以下几点是最基本的：

◇ 打粉底（至少掩盖脸上的瑕疵、斑点和黑眼圈）。

◇ 腮红应从颧骨向两边抹至发际（因为没有它你的脸就会显得呆板，缺少层次感）。

◇ 唇膏应涂中性的玫瑰红、粉红或桃红的（避免大红和艳红，因为它们经过镜头处理会被放大；而棕色和紫色则会使你的嘴唇缺少生气或有点恐怖）。

◇ 睫毛膏只在上睫毛抹黑色的（因为灯光可能会在眼睛下面造成阴影）。

◇ 涂上足够的吸油粉（尽可能使用粉质的化妆品，因为一些膏状的化妆品在高温下会融化聚集在脸上的皱纹中）。

这几个要点对于男士来说虽然可以简单一点，但也同样重要，它可以以此来掩盖他们脸上的斑点、黑色的眼圈和发亮的部位。

令人遗憾的电视穿着

◇使人眼花缭乱的印花图案。如高反差的小型格纹、条纹饰花，这些图像会在镜头里闪烁不定。

◇衣服的设计款式线条不明显，尤其是肩线部分。利落的线条轮廓比较上镜头。

◇单品色差不明显的整套穿着。例如：海军蓝套装搭配海军蓝上衣。

◇遮脸的和狂野的发型。不要让它遮住脸（或要不停地从脸上拨开）；更不要过于狂野。整齐的“女主播”发型是极佳的选择。

◇长发搭配长款耳环。除非你的长发整齐地梳在耳后，否则别戴长款耳环，最多不超过 2 厘米。

◇光面物体。不论是衣服、珠宝或你自己，都不理想。亮面造成反光，使你看起来比较胖。

◇纯白造型。就电视的打光系统来说，这个颜色太亮了，比深色衣服更容易显胖。

◇过低的领口。看上去不端庄而且容易使人分心。

公开演讲

在发表公开演讲时，穿舒适的衣服是表现出放松的关键，如果着装过于拘束，就会显得碍手碍脚，行为举止自然不够大方、优雅，从而会影响到观众对你的评价。调查报告显示，身体语言在个人发表公众演讲时至关重要，听众的反映55%取决于发言者非语言的因素，因此着装应以能表现出自信与大方为主。

正式的西服套装或混穿套装，裙装或裤装都是比较适合公开演讲的服装，但需注意的是，外套应该要线条优美流畅，不可以松垮垮的，要有垫肩。避免羊毛服装或法兰绒等厚面料。如果是坐着发表讲话，女士还应该考虑穿裤子。因为只有如此你才不必总是提醒自己要把两腿并拢。若选择毛衣搭配长裙或长裤，就不需要再穿外套(质感良好、正式的薄款针织衫会比短衫更体面)。

衣服的颜色也是一个不可忽略的大问题，适宜的颜色会令人显得更充满活力，即使只是领带上的一抹红或一件深蓝色的衬衫，也会使你大放光彩。当然，这并不是意味着非要穿上具有抢眼鲜明颜色的服装。不过，若能符合你的穿着风格，你就可以这么穿。黑色也很理想。无论如何，你应该避免深绿或褐色，这两种颜色较欠缺个人风格。

衣服上的许多图案和质地会使人从远处产生光的幻觉，所以你在照镜子时，应尽可能站远，观察自己，模仿观众的视觉效果。并且，佩戴在衣服上的饰物以少为宜，比如造型别致的胸针，在拍特写的时候，可能会有美好的效果，但是在6米以外就有点模糊不清了，这样就会让观众猜疑，势必会分散他们的注意力。毕竟你希望让他们记住的是你讲话的内容。同时，还应该避免叮当作响的手镯、光滑的丝巾和发亮的金属珠宝等，它们可能吸收光线。此外，要避免把手袋或公文包带上台，而应让你信任的人替你保管。

演讲者所穿的服装若带有口袋，应将口袋里的东西掏空，鼓鼓囊

囊的口袋会令观众感到奇怪，从而分散他们的注意力。

在站着演讲时，因观众对你从头到脚一览无余，故你首先要决定的是应该穿裙子或长裤？当然，你一定得穿上漂亮、舒适，使你充满自信的服装。如果你的选择是裙子（或洋装），鞋子和搭配的裤袜就必须使腿部线条看起来优美。裤袜最好是黑色不透明或透明的质料，或是肉色，避免其他颜色或有特殊图案的裤袜。镂空女鞋算是相当不错的选择。你要当心的是过于包脚的款式和系带鞋款，这些款式通常需要几近完美的腿型，才会好看（大部分的短靴也属这一类）。

脚上所穿的鞋子款式也影响着演讲者的形象。站在演讲台上，对大多数的女士来说，有跟的鞋款都比平底鞋更理想，即便是搭配长裤也一样，它们会使你站得更为挺直，让你在讲台上显得更为果断自信。当然舒适也是关键，特别是如果要站着发言的话，最重要的是脚上的鞋会让你行动迅速和自信。穿长裙时，从演讲台下看来，腿部线条也会比较好看。所以要保证你的袜子提到正确的位置，而你的鞋也需擦干净。

总而言之，为了保证自身的形象完美无缺，演讲者应事先做好检查工作，即要从头到脚前前后后地检查一遍，即使你不会有意背对观众，但你在上台的时候也会留给观众一个背影。一面落地镜会帮你，但如果你有录像机的话，可以试着拍一盘穿着预定服装讲话的录影带演习一番，然后再改进不足之处。

影响穿着的场地因素

◇ 演说场地　你的穿着应该要配合出席场所的特殊性质——公司的会议室、国际会议中心、五星级酒店的商务联谊厅还是度假休闲中心等等。若是在非正式的公开场所，则可以根据听众的特性来做打扮。例如，出席商务会议时，你当然是穿正式套装。在办公室的话，穿平时上班服装中最正式的一套就可以。

◇ 演说场地大小　在空旷的演说场地里，你就得穿醒目的衣服，眼睛和唇部彩妆要比平常浓，最好让最后一排的人也看得到你。

◇ 你的听众　他们也许是公司的内部人员、潜在客户、企业领导，或者是普通群众。一般来说，你的穿着打扮应该比听众更隆重些。听众越多，应该穿得越为正规。

◇ 演说场地布置　你应当关心是否备有演讲台、会议桌，桌面是否有铺桌布，讲台是否在舞台上，有没有黑板和麦克风等。

不过，以上这些都不是最重要的。关键在于，观众会看到什么？如果你坐下来，你的腿会被看见，那么你该穿裙子或洋装的裙长（以防走光）会是个问题，或干脆就穿长裤，只要能让你更有自信。如果只有腰部以上会被看到，你当然希望上半身看起来既有权威感且轮廓清晰，而不是使你的形象大打折扣。穿着关键：裤式套装可以出席任何正式场合，即便是在宣布国家政策的记者招待会上。

◇ 演说场地的灯光　若现场有强烈的聚光灯，就得将粉底打厚一点，以免产生反光效应。

若现场有可携式麦克风，你会边走边说吗？当然，适当的走动会让你的演说更为生动活泼，不过前提是，你在讲桌范围以外走动时要保持行动自如。

◇ 发言立场　你代表谁或者什么机构发言？是以职务身份还是个人立场发言？倘若代表公司发言，你可以依照平常上班时的穿着，或工作领域里较为正式的穿着款式。若是代表个人身份，你的穿着应该符合想传达的主题，或者，偶尔穿得与你要传递的信息恰好相反。

例如，在传统的服装发布会上，穿上一件颜色怪异、具喜剧效果的衣服，绝对会产生特殊效果。

◇ 演讲内容　假如是生死攸关的重大议题(为发生重大自然灾害的难民募款)，奉劝你千万不要穿古怪或有喜庆气氛的洋装。若是介绍旅游见闻中的奇人异事，则更没必要穿代表金融行业的条纹衬衫。

拍　照

站在照相机面前，应将自己最美的一面展现出来，这种美的展现除了自身拥有的相貌外，还靠穿衣打扮来点缀。

当你被拍照的时候，着装应该舒适，能反映出你希望展示的形象是关键。例如，商界人士在拍照的时候，通常都穿着保守的西装加浅色衬衣，因为这样的着装能够体现出威严感，建立起老板的形象。并且，在照相时，不管你想要表现出何种形象，都应该穿朴素、式样经典的服装，因为服装若过于花里胡哨或者式样、图案繁琐，都会转移人们对你本人的注意力。当然若穿质地有点起浮的服装而不是一件简单毛或绸的上衣，就会给人的视觉带来愉悦感(但是不要使之与碎花纹的表面加夸张的图案混淆)。

此外，拍与工作业务有关的照片时，还应该穿件外衣，若是全身照的话，最好是西装，这样会产生流畅的效果。在穿西装时，需注意这些问题：把衬衣掖到长筒袜或内裤里以防止打褶；压住衣服的后摆以防止它翘起来；检查你的坐姿，因为人们在拍照的时候经常坐得无精打采，可能这是他们平常的姿态，也可能因为他们不习惯在镜头前摆姿势；小心你的脚，如果它们要被拍到照片里去，那么你的袜子必须与你的裤子和鞋相配，而你的鞋也必须保持清洁干净。

◎ 拍照时着装的颜色

拍照时所穿服装的颜色也很重要，它影响着人们的视觉效果，一般来说，除非由专业摄影师给拍模特照，否则决不要穿一身黑或一身白，因为这两种颜色上镜的效果不太理想。黑色吸收颜色，抹去了细节，它可能使你看上去仿佛头与身体分了家；白色反射光线，夸大细节，造成同样的效果，使你的头看上去仿佛安在了一个电灯泡上，脸色惨白。

照相人员在选择着装颜色时，可以参考以下小窍门：

A. 明确自己通过服装想向人们传达什么样的信息，鲜艳的颜色使人看上去活力四射，而深色使人显得更有权威性。为了保险起见，你可以与摄影师讨论选择服装的颜色，或者采取中性的搭配，即穿一件深色或中色的外套配一件浅色的衬衣，这种方法是最为普遍的搭配法则，因为浅色的外套通常是不明智的选择，它们无法使你的脸定型。同时，你还可以系条领带或围巾为整个造型增加一抹色彩。

B. 选择一种颜色使你自我感觉良好，突出你的肤色和头发的颜色。特别是当你感到疲劳或无精打采的时候，穿件颜色鲜艳的衣服增添亮色。

C. 避免在你的脸部附近有太多的白色，除非有围巾、项链、领结抵消白色。

D. 选择单色调，因为如果照的是全身像，上身浅、下身深使人看上去一分为二，又矮又胖，而从头到脚穿同一色调的衣服使人看上去挺拔、清爽。如果穿的是短裙，不要试着让长袜与衣服搭配，因为只有纯色的长袜照相的效果最好。

在拍照时，饰物尽量少戴。可以戴腰带、围巾、耳环、项链、手镯、戒指、手表，但是不要全副武装。选择三样是明智的（比如一条腰带、一个耳环和一只手表或围巾、耳环、手镯）。

◎ 露出漂亮的脸部

观察名人的拍照，不难发现，她们非常注意脸部的情况，因而她们善于拍出最上镜的模样。为了掩盖脸部的一些缺陷，拍出最美的照片，可以参考下面的几个办法：

A. 如果下巴短，可以偏过头放低下巴。如果担心有双下巴，可以

扬起下巴并把脸微微地向左或向右侧（这取决于你喜欢哪个侧面）。

B. 如果脸上皱纹太多，可以请摄影师在你的周围打强光（担心自己年纪的演员经常采用这种方法）。

C. 如果不喜欢自己的笑容，你可以想想令人愉快的事情或称心的爱人。即使你的嘴没有笑，你的眼睛也在笑。眼睛里闪的光和脸上愉快的表情会令你看上去可亲可爱。

D. 如果担心自己的黑眼圈，就要想办法藏起它，打强光和化妆可以达到这个效果。眼影和睫毛膏只加在上眼皮和睫毛上，以避免下眼圈越描越黑。抬起下巴也会使你的黑眼圈看上去不那么明显。

E. 如果你的鼻子在照片中显得太大，这可能是因为你把下巴放得太低，试着抬起下巴。

F. 如果想突出你的眼睛，尝试摆平下巴，两眼直接看向镜头。

G. 头发的定型应该令你感到自然，只需要稍加修饰即可。太多的摩丝或发胶会使你的头发失去自然的亮泽和形状。浓密的头发可以得益于巧妙地突出头发的颜色。

H. 如果心情有些紧张，即使面对镜头也不能令你感到精神振奋，那么应该彻底在放松之后再开始拍照。深吸几口气可以减少你脸和身体的紧张感，或者找摄影师交谈也能令你更加放松。

照相时，你应处于 70 度角的位置，这是最上像的视角。从下往上不可能照出好照片。

◎ 黑白照

黑白照涉及一些透视的问题，因此在拍这种照片时，应该尽量避免穿黑白套装，最好是中间色调加一点深浅重点颜色，既可以产生对比度又不过分戏剧化。要知道，在黑白照片中每种颜色都变成一种灰色，所以应该寻求色调上的对比而不是颜色上的对比。比如红色和蓝色，虽然对比鲜明，但是在黑白照片中就变成了类似的两个灰色。因此应该请教摄影师，让他提一些专业意见。此外，化妆的时候也要注意选取浅色和中性色，比如深色的口红在黑白照片中就变成了黑色。

在拍照时，若对化妆存在疑惑，可以请教专业化妆师，但若条件不

允许的话,可以参考以下几点建议:

化妆不要太浓,因为这是最常犯的错误。化妆应少而精,使你表现出自己最好的那一面。通常只需在平常化妆的基础上再添加几笔就行了。

在自然光下化妆。化妆师一般与摄影师都清楚拍照的光线。若你不了解情况,最稳妥的办法还是在窗口化妆。

确保你的粉底颜色适合自己的肤色。如果颜色太浅,会使你在照片中像抹了一层面粉。

为防止面部发亮而引起的反光,可以采用一点适合你肤色的粉来扑一下。

不要使用铜色的粉底,因为这种颜色的效果在胶片中会被夸大。如果你觉得自己看上去太苍白,那可以使用比你常用的粉底稍暗的颜色。

婚　礼

结婚是人生中的一件大事,为了表示慎重和庆祝这个特殊的日子,婚礼自然摆上日程。在举行婚礼时,新娘和伴娘的装扮与日常装扮大不相同。

在这个令人一生难忘的日子里,西装套裙尽管有一定风格,但在此时却显得过于俗套了。举行婚礼的形式不同,与之相应的服装设计亦不同。如果是中式婚礼,新娘可以选择一套漂亮的红色印花绸缎面料制成的旗袍,不仅能与喜庆的气氛相协调,还能表现出新娘的喜悦心情。服装的色彩与脸上的红晕相映,再加上一朵银白色的领花、一串晶莹的水钻项链,足以表现新娘的风采。如果穿戴得珠光宝气,倒显得画蛇添足了。

如果选择西式婚礼,新娘可以穿上纯洁高雅的白色婚纱,身穿曳地长裙,头戴白色披纱,手里再拿一束配以绿叶的鲜花,整个情调温馨

迷人，呈现出浪漫的气息。

与新娘服装相比，伴娘服装则要以陪衬为主。当好伴娘不是一件容易的事，选服装就让人颇费脑筋。伴娘不是一般的客人，她的服装既不能太引人注目而喧宾夺主，又不能流于普通而淹没在众多客人之中。为了扮好这一角色，伴娘首先要明确新娘穿的礼服的款式、颜色、面料等，然后再选择与新娘服装相协调的服装，以免产生格格不入的尴尬情况。假如新娘决定穿红色缎料西服，你可以选择粉红色缎料的收腰西服，小喇叭裙。因为粉色是柔化了的红色，是红色的最好陪衬，同时也衬托出你的轻盈体态。如果新娘要穿旗袍等中式服装，你就可以穿旗袍式连衣裙，并适当地添加一两件你喜欢的饰物。假如新娘选择的是西式婚礼，作为伴娘的你当然应穿上纯白且式样简单的伴娘礼服。总而言之，你是新娘的陪伴，又是宾客的代表，是连接二者之间的桥梁。只有穿着恰到好处，才能使二者之间有所分别又不致疏离。

参加朋友的婚礼，你不妨穿得淡雅宜人。你不是婚礼的主角，没必要穿得鲜艳华丽；而这种喜庆场合上，多数人会选择色彩热烈的服装，穿着淡雅反而显得更突出。你可以穿一套天蓝色绸缎套裙，上衣做成荡领式样，领子形成自然褶绉，配上小喇叭形的裙子，腰间斜束一条宝蓝色装饰性腰带，显得秀丽而活泼。柔软而光滑的面料与喜庆场合相协调，冷色调却与热烈的气氛形成鲜明的对比，显示出你的个性。这样，既不会与新娘争艳，又不会混同于其他客人的服装，真可谓一举两得。

朋友聚会和生日晚会

朋友聚会和生日晚会不同于社交场合中的正式宴会，参加的人员可以穿着随便一些，不必过于讲究。

在朋友聚会中，作为女主人的服装要稍微别致一些，既要体现热情好客的心情，又要适合于里里外外招呼客人。为了接待和活动的两便，只有采取折中的办法，既不衣冠楚楚，也不过于随便。在服装款式上力求简单些，倾向于日常生活装束，以便于活动；在色彩及搭配上稍讲究些，显示出女主人的身分。另外，可准备一条漂亮的围裙，兼有实用性和装饰性。比如，低开口小方领乳白色上衣，罩一件嫩绿色开式毛衣（毛衣花样最好有些存在感）；下面穿一条式样简单的裙子，质地要柔软，裙摆大一些，多一些自然的绉褶，颜色可以选择较深的青灰色。这一套打扮会令你表现得温柔娴雅，热情好客，而且活动起来很方便。

被邀请参加同学、朋友聚会的女性，服饰选择与搭配要讲究韵味。这样的装扮就很适合这种场合：白色上衣外面套一件红褐色镂空花开式毛衣，虽不艳丽但清新别致；同色织成的帽子与之呼应；藏青色与土黄色相间的格呢长裙，再束上褐色宽腰带，背上褐色小背包，虽属暗色调却与衣帽十分相配，全身上下浑然一体。黑色毛衣配白色长裤，简单脱俗，外面套一件红黑相间的大格西装，宽松潇洒，其中的红色对稍

硬的黑白色调做了恰到好处的调和，使你看起来既洒脱又不失热情。另外，再选一两件首饰，如象牙质的长项链和耳饰，佩戴在身上。由此一来，你的独特装扮一定会引起参加聚会的朋友的注意。

参加朋友生日晚会时，你的装扮应体现出庆祝的气氛，因此可以打扮得活泼些、别致些。穿一件肩上嵌有黑条的橙色卡司米编织的小翻领短袖套衫，戴一条新颖而漂亮的黑色卡司米织成的领带，再搭配白色长裤、黑袜与白鞋，这样的装扮就显得很别致。除此之外，你也可以根据你的风格选择适合自己的着装，只要活泼、别致即可。

拜访师长和探望病人

老师给学生传授知识，教育学生做人，引导学生成长，为了感谢老师对我们倾注的心血，拜访老师是理所当然的事。老师最大的心愿就是看到自己的学生成为栋梁之材，在去看望他时，衣着上要力求自然朴实，不要过于奢华。

事实上，国际流行的服装也逐步向纯朴自然靠拢，由奢华而简单，由华丽而平凡，一切都趋于返璞归真了。当人们把服装从遮体、御寒、求美，发展到改变、创造自我形象，试图使自己更美，所渴求的正是“天然雕饰”的最高境界。

利用服装自然面料自身的图案及色彩，加简单的裁剪，这样制成的衣服容易产生自然随意的感觉。如果你有一件素色小花面料制作的连衣裙，穿着去看望老师是最合适不过了。素雅的图案使你秀丽脱俗，简单的款式又能体现你纯朴的本性。你在这么多年来锻炼成的成熟和高雅的气质，与服装相得益彰，老师见后一定会有说不出的欣慰与喜悦。

去医院探望病人时，在这种特殊的场合中，探望者的装扮不宜太花哨，过于刺眼的颜色会给病人心理上带来压力，让他觉得你缺乏诚意，从而容易导致病人心烦意乱。在实际生活中，许多女性因不懂得在探望病人时如何着装，她们不是穿得太华丽，便是衣着的色彩过分艳丽，无端地制造了“美丽的错误”，产生了适得其反的效果。

医院的环境要求非常安静，有利于病人休养，因而需要的是明朗、朴实、纯真、温馨的色彩。你的衣服应当与此协调，才能达到探望病人的目的，促进病人康复。所以你的着装最好是穿着色调柔和的细软衣料，如一件棉麻混纺的彩格连衣裙，桃红、青灰与白色相间，柔和而带几分暖意，很适合医院的环境；外面可以套一件白色卡司米长外套，柔软舒适，与病房的气氛相协调。

除了在着装上下功夫外，因病房里一般缺乏生气，如果你能带一束清新亮丽的鲜花去就更好了。绿叶最好多一些，因为绿色在白色环境中给人特别舒服的感觉，有利于病人情绪的稳定与病情的好转。鲜花与绿叶所代表的清新的生命力和你的问候祝愿，会带给病人战胜病痛的决心与希望，也会给他们带来温暖。

观看展览和时装表演

看自己喜欢的展览是一件很惬意的事情，在看展览时，你可能认为没有必要认真考虑穿什么衣服去，觉得人们是去看展览而非看人的。然而，恰当的衣着能够表现出你的艺术品味，增加艺术情趣。比如，穿上一件色彩斑斓的套头毛衣，用各色毛线编织而成并拼接出抽象图案。色彩斑驳，仿佛是油画调色板；图案令人费解，乍看可能会被认为是哪位抽象派大师的杰作。穿着这样的衣服去看油画展，你会感到与那些展览作品很接近，使周围的人体验到人中有画、画中有人的艺术效果。而去看书法展、国画展，穿着素淡高雅会恰当些。

看时装表演前，你可能会为自己的服饰大下工夫吧！随便穿一件

会显得不合时宜，认真挑选又发现很难与满台绚丽的时装相比。所以，最好的办法就是避开华丽，例如一身白衣黑裙更显典雅大方。或者，可以穿一身黑色套装，套裙和连衣裙效果都不错。为减轻黑色的沉重感，胸前最好有黑白格的对比图案，领子做成白色小圆领，戴上一副白色耳饰也可以点缀一下。这样一套服装虽没有时装的华丽，却很有风格，独具特色，不仅令你高雅的气质表现无遗，而且不会淹没在众多的流行色里。

送行接机

当你的朋友、恋人要调往外地或远出旅行，你满怀离情地去送别，可以通过色调、层次、反差等各种手段来强化所要表达的情感和所要创造的气氛与意境，体现你淡淡的离愁与惜别之情。

你可以穿一件嫩绿色印有暗花的一字领连衣裙，再围一条薄薄的白色长丝巾，飘荡在风中，寄托你的离别情绪；也可以穿一件淡青色的连衣裙，胸前别一枚淡紫色的胸花，带着几分离愁，几分惆怅。不论你的朋友走到哪里，都会记住你的一片深情与你亭亭玉立的身影。

有时会突然收到很久没有消息的一位旧友的来信，明天就要来到你的身边。你去机场迎接他的时候，会把自己打扮成什么样子？

你可以穿一套深紫色和黑色格呢料做成的套装：上身是比较合身的格子套衫，下面是一条剪裁合体的窄裙。不管你肤色怎样，穿上这套衣服都会很漂亮；束上一条白色腰带，更显亭亭玉立；戴上一串别致的长项链，一副月白色耳环，你的气质、你的自信、你的热情一定会让你的朋友倍感亲切。

商务旅行

商务旅行是现代职场人士工作中的一个组成部分，在大多数行业，出差都是工作的重要内容和组成部分，这并不仅仅意味着你要参加更多的会议，而且还有许多其他的事情要注意。不管你是要出席讨论会，还是要接待顾客或者预期的客户，宴会或者鸡尾酒会这样的社交活动都会是晚间议程的重要部分。所以，在收拾行装的时候，一定要把这一点考虑在内。旅行时间的长短是另一个要考虑的关键因素。总的来说，最重要的是不管你将要去什么地方，都要为塑造一个完美的职业形象做好充分的准备。

在商务旅行时，因为要出席各种不同的场合，因此你要考虑的首要问题就是服装的多功能性，比如，不必为了晚上的活动而换掉一整套衣服。对于男士来说，如果你穿的是西服，可以不必更换，必要的时候更换衬衫和领带就可以了。女士出席白天的活动时，可以选择套装和运动夹克的混合搭配，到了晚上，脱掉外套，换上夸张、炫目的首饰，立刻就会光彩夺目，成为晚宴的焦点。

总体来说，在商务旅行时，一切都应从简，以方便为原则，所以，衣服不要穿得太好，以免带来不必要的麻烦，如弄脏弄破之类的问题。同时需与环境相协调，若穿着晚礼服上机，显然就不合时宜了。

男士商务旅行的服饰必备

两套西服，或者一套西服，外加一件藏青色夹克搭配黄褐色或灰色的裤子。对于你的西服，可以考虑纯色或者条纹图案的灰色、藏青色调。因为这些图案和颜色在任何国家、任何地区都是适用的。

携带两到三件衬衫。不过也要考虑一下你旅行的时间长短以及天气状况。通常来说，一天一件衬衫就足够了，但是如果旅行中气候非常炎热或者潮湿，一天两件衬衫就是必要的了。

方便携带的睡衣、睡袍和拖鞋。最好选购质地轻盈的精纺棉睡衣

和一件尼龙睡袍，因为这样的质地不会占太多空间。至于你钟爱的厚绒布睡袍，就暂时先把它放在家里吧。

可互换的、易于搭配的佩饰。一条上好的科尔多瓦皮带（暗红色）可以与大部分西服颜色和谐搭配。鞋子则最好携带一双系带皮鞋和一双低跟便鞋。至于领带最好准备二到三条，也要可以互换，并与西服和衬衫的颜色相协调。同样的西服和外套。只需多换几种衬衫和领带的搭配，就会为你的旅行增添多种新的形象，达到事半功倍的效果。

生活必需品比如内衣、袜子、手帕的数量需要视旅行的时间长短而决定。

女士商务旅行的服饰必备

对女士而言，旅行要携带的衣物可以考虑以一些基本的色彩组为基调携带相应的衣物。像藏青色、黑色、乳白色、浅驼色、黄褐色和灰色都是很好的中性色调，作为旅行服装的基本色调非常合适。除此之外，你可以搭配色彩明亮和带有图案的上衣、裙子，以便让你的着装更加生动、特别、引人注目。

最好是携带两件可以互换的外套，比如一件黑色的，一件红色的，或者是一件藏青色，一件冷白色，也可以是一件纯黑色的，一件黑白相间格子图案的。其中，多功能性是要考虑的关键因素，它可以以最轻的重量、最小的体积方便你的旅行生活。

可以尽量多地携带精巧的佩饰，例如丝巾、首饰、腰带、袜子等等。这样的佩饰可以最大限度地扩充你服装的多功能性，使你在旅行中的每一天虽然身着同样的服装，却总是有全新的形象。比如，一件黑色的无袖连身套裙配上一条漂亮的腰带，脖子上系上一条精致的丝巾或者搭配一些夸张夺目的首饰，都将成为晚装的绝好装束。白天则可以穿同样的裙子搭配一件明亮色调的短外套，如果你愿意，还可以在腰间束一条别致的腰带，塑造一个全新的形象。

衬衣应该与套装相协调，同时，又能够与其他衣服搭配而塑造不同的形象。白色丝质衬衣、经典的图案或花纹、圆领或者考究的尖领，这样的款式不管与什么款式的套装相搭配，都会给人一种体面、正式的感觉，非常值得考虑。

旅行中你应该携带两双最基本的鞋子，最好是后跟较低的轻便女鞋。为了舒适，可以携带以前穿过多次的鞋子而不是新鞋。如果你要走很多路，那就要考虑携带一双鞋底柔软并且有舒适鞋垫的鞋。最后，多考虑藏青色、黑色、灰褐色这样的基本色，以便更容易地与服装相搭配。

准备一个专门的化妆包，盛放其他的必需品及洗漱用品。所携带的化妆品应该只局限于那些能与日装、晚装所有服装相搭配的颜色，然后把它们放在一个专用的化妆盒里面。其中，灰褐色、凫蓝、藏青、棕色以及深紫色都是可以考虑的颜色。至于其他化妆基本用品，不妨携带一种颜色的粉底、眉毛油、口红以及腮红。

你的行囊中的睡衣、睡袍、拖鞋必须是尼龙、涤纶或者丝织的，因为这样的质地最为轻便又节省空间。

其他的旅行服饰要点

为了适应各种可能遭遇的天气情况，最好准备一件全天候的外衣，以及一件可以用拉链拆装衬里的雨衣，以便在寒冷的时候用来保暖。大衣的面料最好是毛葛或者华达呢，可以在刮风时很好地起到挡风的作用。为以防万一，还应该在公文包中放入一把折叠伞。

记得带上你的洗漱用品——比如化妆水、阿司匹林、乳液、香水、洗涤用品以及清新剂。可以携带这些物品的试用装以节省空间。事

实上，旅行中带上多种香水、古龙水的小瓶样品以应付不同场合是个非常不错的选择。便携装的吹风机、熨斗、加热器也可以根据需要考虑携带。这些物品通常都可以在当地的小商店、打折商场以及药店买到。

如果你是越洋旅行的话，要确保你的电器能适应那个国家的电压。如果你不确定，去买一个变电器。你可能还需要买一个转接器以适应不同的插座。你可以在当地的五金店和电子商店里买到这些东西。

尽量选择那些以天然织物为主导的面料，比如羊毛、丝质和棉质。在你洗浴时，这样的衣料可以挂在浴室里。因为蒸汽可以很容易地抹平衣服上的褶皱，令它们变得平整如新。

如果你将要下榻的酒店没有叫醒服务，那么你可以考虑带一个便携式的闹钟。当然也可以选择一只有闹钟功能的手表。

选购一个质量较好的带滚轮的旅行袋或者手提箱，大小最好在50厘米到60厘米之间。这个尺寸足够你装下旅行所需的必需品，对旅行搭乘车船来说，又不会显得太笨重。不管你选择的是旅行袋还是大手提箱，都要保证中间有尼龙或者涤纶将其隔成多个隔层，以便分类装东西。

可以在一个衣架上混合挂上多种衣服以节省空间，比如，可将衬衫、裤子以及外套通通挂在一个衣架上。你也可以选购一个多功能的衣架，以便悬挂更多的衬衫和裤子，同时，还可以将挂钩、腰带、丝巾、领带等都挂在上面，十分方便。

不管你是经常性的频繁出差，或者只是有时甚至偶尔才会出差，都要随时准备好一个化妆包，这样可以为你每次出行整理必需品节省很多时间。记住，除非你有一整套平时护理、保养化妆品的试用装，否则，为了避免行李太大太重，你必须要在旅行中省略掉平时的一些步骤，等到了目的地再购买所需用品。

公司郊游

你也许认为郊游的着装就不必顾及那么多了，但是当你的上司将出席时就必须要慎重考虑了。你肯定知道不要穿得过于暴露，否则下个星期一早上公司会传出关于你的笑话。此外，你不仅要知道应穿什么衣服才算得体，还应知道这次郊游的地点——在公园还是在一处乡村度假别墅举行？有什么活动——网球、高尔夫球还是游泳？晚餐吃什么——烧烤，还是送餐？所有这些答案都将给你提供着装的参考。

但是，既然是郊游仍应考虑为非正式的活动，人们穿的衣服主要应以休闲舒适的运动服和卡其布裤为主。如果晚餐有些特色，那么衣服可适当变化——仍以运动服为主，但不能穿短裤衫。

不论春夏秋冬，旅游时都可以穿旅游鞋，它轻便结实，平地、高山上都能行走自如，千万不要穿新鞋，它可能不合脚而容易使脚磨泡，给旅途增添不必要的麻烦和苦恼。一双半新半旧的旅游鞋是最佳的选择。

春天，阳光明媚，在这春意盎然的时候，和几个朋友去郊外踏青，绿色的田野充满了生机，油菜花灿烂明艳，心里一扫冬日的阴郁。你可以选择暖色的服装，既与环境相衬，又显得明朗活泼，生机勃勃。

如果骑车去郊外，服装质地不宜太细腻，可选运动衣，如穿一件黄色的薄绒衫，脚蹬一双白色运动鞋，绑两束辫子，显得俏丽多姿；再戴一顶红色的有檐的遮阳帽，架上一副茶色眼镜，骑一辆红色轻便车，既潇洒又飘逸。在春天的怀抱里，你不仅是踏青者，还是美好春光的一

部分。

如果你有绘画的业余爱好，踏青时在山间河畔写生，想把人间风情和自然万物尽收画中，你不应该像艺术家般不修边幅，以免破坏你作为女性的形象。

当然，你也不必穿得太讲究，万一被颜料弄脏了衣饰，心里挺不是滋味。所以，为了避免弄脏不好办，选择深色服装比较好。上身穿一件青铜绿宽松罩衫，用同色的布系在腰间；下面配一条裤裙，选一块印有豆绿、土黄、蓝黑、灰色等浓重色彩的图案的布料来做，可选择富春纺质地，既凉快又飘逸，不但便于作画，还可展示你这位“画家”的风采。在青山绿水间，你不仅作画，本身也是一幅清丽的画。

出游时不宜携带亚麻材质的衣服，因为亚麻面料易起皱和变形，选择针织的服装（棉、毛或混纺）或丝绸、合成纤维比较好，它们抗皱能力强且容易恢复原状。

寒冬外出

一年四季的天气变化无常，有时刮风、有时下雨、有时闪电、有时雷鸣、有时热、有时冷……面对变幻无穷的天气，你一定要有所准备。下面就教你在天气状况突然恶化时如何着装既得体，又显得精明干练的秘诀。

在寒冷的冬季，适宜的大衣既是很好的保暖外套，也是出席各种社交场合的必备服装，你在购买大衣时需精心挑选。

在冬季，大衣的颜色最好是中性色或深色，如驼色、海军蓝或黑色。并且要和你现有的冬装颜色匹配。如冬装为海蓝色和蓝灰，大衣选黑色比棕色好。另外，带有花纹的大衣应谨慎选择，因为它很难与其他冬装花纹配套。

大衣的面料最好选择纯羊毛、驼毛或粗毛呢等，因为羊毛大衣看上去显得气派，与蓝色牛仔裤搭配又很休闲。

当温度突然降低，大衣已经远远不够遮挡寒冷时，在服饰方面，可以采取以下几种方法来增加抗寒的能力。

◎ 穿多层衣服，比如紧身保温内衣和长裤袜配长裤，衬衣——毛衣——短上装的结合比裤子和袜子以及衬衣加外套更保暖(因为夹层中的空气具有隔热作用)。当感觉气温有些升高时，脱掉毛衣或上装就可以了。多层着装还有一个优点就是可适应不同环境，不致穿戴过于臃肿，并可选用轻薄面料。

◎ 穿丝绸内衣，这种内衣虽薄但很保暖，配上丝质 T 恤、背心或外套可将皮肤与刺激性的羊毛服装隔开，感觉更舒适。

◎ 选用紧口衣袖(如带松紧带的毛衣袖口)，它们比直筒或宽松的袖口保暖效果更好。

◎ 女士穿不透明的袜子比透明的丝袜会感到更暖和。同样，长裤优于裙子，长裙比短裙更好。

◎ 选用保暖面料(如法兰绒和粗花呢)，带衬里的衣服更保暖。

在挑选大衣时，可以参考以下几点建议

◇ 选购大衣时，最好穿上日常的冬装去试衣。一般而言，大衣的尺码应与西装或短上装的尺码一致。

◇ 男式大衣应长过膝盖，女士大衣需盖住最长的裙子。

◇ 穿上大衣后应保证行动自如，可选择背后开衩的款式。

◇ 带袖扣或松紧可调袖口的大衣是防寒的理想选择。

◇ 女士选择大衣还应考虑出行交通方式。如果经常自己开车需穿短一点的大衣，一般 3/4 身长(到膝盖)就可令你乘坐舒服。如果步行或乘公共汽车需要等车，你则需一件中长的牛皮大衣御寒。

◇ 大衣的样式以经典简洁为佳，如想令大衣增色，可加一条好看的围巾。

雨天出行

阴雨天气让人感觉很压抑，也给人们的行动带来不便，但如果因为工作原因而不得不外出时，千万不要因雨天而失信于人。在这种时候，可以利用服饰的作用来转换阴雨天气所带来的压抑感，例如，穿一套明快的着装就会令人精神振作。

选择一套个人喜欢且明亮度高的服装，是改变阴雨天带来压抑心情的最好办法。穿上一件耐水的防雨布夹克，颜色可选亮黄色；脚上穿一双浅紫色高统雨靴。为避免色彩反差过大，中间可以用咖啡色的雨裤把它们间隔开，再带上一把明黄色尼龙伞。朦胧的雨雾中，明亮的色彩搭配可以使人的精神为之振奋。

此外，女士也可适当地做些明快的化妆，选用亮色口红，淡扫蛾眉，轻扑腮红，容光焕发的面容配上醒目的衣着，给人们带去热情和活泼感。

在雨天，每个人都需要备一件雨衣，雨衣可以挡雨，而且许多纯棉或毛华达呢面料的防雨服还具有抗寒风的作用，适合于冷天气穿。

雨衣的样式和颜色与大衣基本相同，即简洁的线条、中性的颜色，在阴沉天气里，红色或淡蓝色的雨衣可为天气增辉，经过仔细挑选，它可与许多中性色的衣服搭配。

为了对付瓢泼大雨和满地泥泞，仅选用合适的雨衣是远远不够的，还必须配备必要的附件：雨伞，手套，帽子，围巾，雨鞋等。

雨　伞

雨伞以轻巧方便的款式和中性色为最佳的选择，但是更艳丽或漂亮的方格花纹也很适用。如果你仔细保管雨伞，那么最好买一把稍贵的、不折的老式木把伞，使得你的形象更具古典风味。伞的大小要合适，太小起不了遮雨的作用，而太大了不方便在拥挤的人行道上行走。

手　套

皮手套和用毛线与开士米线编织的手套保暖，显得职业化。纺织手套是休闲装的更好选择。

手套的颜色应与大衣相配，起点缀作用，尤其对女士更容易接受。在寒冷的冬季若戴一双红色或黄色的手套，其亮丽的色彩会给寒冷的冬天增色不少。

手套的型号不要太紧，开口达到手腕更保暖（有弹性的手套口有助于防寒）。

帽　子

帽子是服饰中一个重要的组成部分，它既可以当作一种装饰，在寒冷的冬天或下雨天里，也可以当作遮雨或御寒的工具。

当你在挑选帽子时，应注意以下问题：

◎ 贝雷帽：男女均相宜，正确穿戴令人生辉不少。

◎ 各种帽子：戴毛料棒球帽与粗花呢的时髦驾驶帽效果相当好，但其不能遮住耳朵，在冬天，为了御寒，最好戴一顶可折叠的套头帽，不要将它扣在后脑勺上，而是向下拉至前额。

女士为了尽量减少戴帽对发型的影响，可采用一个小技巧，即衬上一条丝巾，在头发和帽子之间建立一个缓冲区。

围　巾

一条软和的羊毛、开士米线织的围巾或丝巾，无论单色还是带条纹的，围在脖子上既保暖又平添几分光彩。

需要注意的是，围巾不宜过长或过短；面料要柔软，对皮肤没刺激性；围巾的颜色必须与大衣相配，或是与之形成反差（或与皮肤颜色相配）。例如，蓝大衣配红围巾，黑大衣配黄围巾。

雨　鞋

在雨天，如何穿鞋取决于雨的大小程度以及出席的场合（出席董事会，还是出席新闻发布会?），皮鞋天然是防水的，只要没严重损坏，多少能抵御湿气的侵袭。

天气预报有大雨，你又不想穿橡胶雨鞋，那就穿双胶底皮鞋。虽然它不像正式的配装皮鞋那样优雅，但仍是可接受的替代品。此外，在坏天气穿皮潜水鞋或皮靴也是可取的。

在雪雨交加、道路泥泞的天气外出约会，穿鞋就有所不同了。女士穿时装化经防水处理的仿皮橡胶鞋。它们的款式有些相当漂亮，同样也可穿橡胶套鞋，与无跟浅口鞋配套。男士可用套鞋解决，套在皮鞋上，样式像平底鞋。

如果你生活的城市经常下雨（如我国南方夏季的梅雨季节），那你应该买高质量的皮鞋，而且每天换着穿。虽然干燥的皮鞋不必每天换，可是湿皮鞋可经不起这样穿。

怀孕期间

妇女怀孕后，随着腹部的增大，衣服也就越来越紧了，身材也越来越臃肿，不过，别担心，只要运用一些小小的技巧，调整一下衣服的穿着方式，你的衣服马上就会变得更舒服。

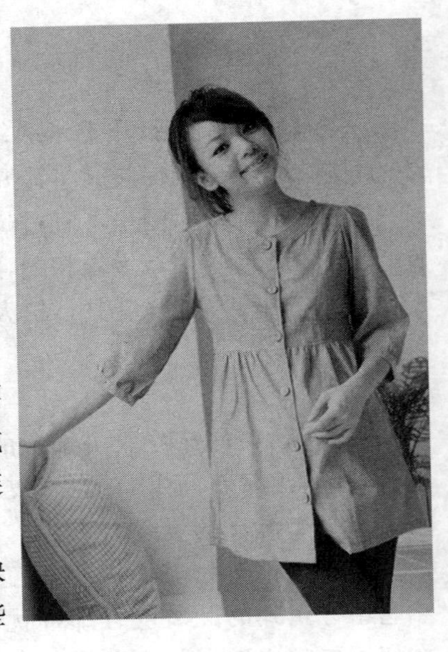

穿单排扣的上衣，不扣扣子可以给你更多的活动余地。对双排扣上衣做一点小小的改动也可以做到这一点，或者，随着腹部不断隆起，可以将衬衫或上衣的边缝放开 10～15 厘米，这样会宽松一些。在衬衫的边缝缝上缎带使两侧合起来，或者干脆就让边缘敞开着。

此外，也可这样穿：穿有松紧腰带的裙子和裤子；穿无束腰的套衫或上衣；穿梯形宽松衣或帐篷形连衣裙。

为了掩饰孕妇身材上的一些缺陷，孕妇在着装方面可以采取这些技巧：

◎ 穿长度能盖住隆起的腹部，甚至臀部的外衣。宽松的外衣尤其适合在怀孕期间穿着。

◎ 穿直筒裙、锥形裤和紧袖的上衣，目的是突出你较瘦的部位，掩饰腹部，这样你就不会看起来哪儿都那么胖了。

◎ 穿长度在膝盖以上 2.5～5 厘米的裙子或连衣裙以显露出你匀称的双腿（怀孕期间身体各部分都会迅速发胖，因此一定要反复确认你的腿是否依旧匀称而还可以暴露在外）。

◎ 从头到脚都穿同色的深色服装以形成长而垂直的线条。至少下半身要穿更深、更能显得苗条的颜色来掩饰腰部以下

迅速扩展的部位。

◎ 穿细长条垂直图案的服装，而不是宽的横条服装。

◎ 编织的有弹性的衣服很适合孕妇穿，可以在贴身的编织衣服外面穿一件机织衣服就更加得体。

当隆起的腹部已经穿不上以上的着装时，就需要穿专门的孕妇装了，尽管孕妇装肥大的前摆和宽大的领子令爱美的女性烦恼。不过，孕妇装的尺码是根据怀孕后的体形来定的。

在公司上班的孕妇挑选孕妇装时需要慎重，孕妇装的款式不能与平时的着装风格有太大的差异，不管公司的着装规定如何，都应极力回避那些会很“可爱”的服装，比如过于女性化的花布服装或者方格布的孕妇无袖连衣裙(套在衬衫外的)。

可采取的最佳方法同一般人着装的方法一样。选择一些中间色，如藏青、黑或灰色的基本服装(上衣、裙子、束腰外衣、套在衬衫外的无袖连衣裙和裤子)，它们既可以自行搭配，也可以同合适的上装搭配。为了使人看起来不至于过分平凡，可以选择印花布或亮色的上装。

鞋子是决定孕妇能否保持舒适的另一个重要因素，在怀孕期间，孕妇当然要摒弃高跟鞋了，只能穿低跟鞋，如无带便鞋、无带浅口轻便鞋和平跟船鞋就是比较适合的款式。

在怀孕九个月以后，适宜的饰物对孕妇起着很大的掩饰作用，例如在脖子上系上一条色彩亮丽的领巾，就会使人把注意力从肚子转移到脸上；用一对悬垂的耳环使胖脸显得瘦一些。反之不恰当的饰物只能使你的体态更显臃肿，如各种样式的腰带和长得在你肚子上摆来摆去的珠子项链。同样，用一圈又一圈的手镯和项链过分装饰，只会使你这幅已经很庞大的图画显得更加繁杂。

登山、划船、海滨

登　山

登山是一项很有意义的活动，不仅能活动筋骨，增强体魄，还可以领略美丽的自然风光，陶冶情操。

登山运动的服装不同于上班及社交场合所穿的服装，要求舒展自如，行动方便，如果穿戴复杂就不利于运动了。因此，登山的服装首先要从实用方面来考虑，牛仔裤就是首选之物。从原料上看，牛仔裤一向以结实著称，耐磨性之强无与伦比；从款式上看，牛仔裤由于线条分明，可以充分体现出人体的自然形态美，并显得干净利落，柔中有刚。

牛仔裤富有节奏明快的特点，给人一种轻快感，身材高挑的女性更显得修长妩媚，个子不高的女性也可显得苗条轻盈，能达到扬长避短的作用。为了与牛仔裤的风格协调，可以穿一件天蓝色的连帽薄绒衫或灰蓝格绒布男式上衣，脚下一双舒适的运动鞋，这种装扮使人看起来比较休闲，青春活泼，而且行动自如。

划　船

划船则是一件极悠闲的事，一面听着轻松的休闲音乐，一面观赏湖光山色，使人远离尘嚣的烦恼，心旷神怡，轻松、恬静和安详。划船时的装扮最好在讲究与随意之间，貌似随意而实则讲究。一件随随便便的黄色宽松上衣，可在衣摆下方任意地挽成一个结，傍晚时落日的余辉给舟中的你缀上金色的光芒；下面穿一条舒适的烟灰色中裤，随时透出几分悠闲，头上戴一顶草编的淡柠檬黄的大檐帽，颈上挂一圈古朴的木质项链。这种装扮既是大自然的点缀，又与大自然浑然融为一体，还能感受到“人在舟中便是仙”的境界。

海 滨

夏日海滨非常令人心旷神怡，透明的天空、金色的沙滩、湛蓝的海水、雪白的浪花构成了一幅美丽的图画，凉爽的海风与洁净空气的润泽驱走了炎热，给烦躁的心情带来一片宁静。

游泳衣、沙滩装和来回路上穿的衣服是海滨旅游时的必备着装。穿一件款式新颖的泳衣，戴一串骨雕或贝壳项链，坐在小阳伞下或戴一副眼镜，在阳光的照耀下，定会使人魅力四射。但需要注意的是，泳衣要有一定的牢度，最好选择弹性良好的纤维织品。黑色泳衣可以恰当地掩饰一些身体上的不足之处，白色则适合那些身材较好的女性，这两种颜色适合于任何肤色的女性；棕色皮肤宜配暖色系列泳衣，皮肤白皙则适用冷色泳衣；体型优雅的女性最适合比基尼，组合式泳装具有穿脱方便、组合自由的特点。

沙滩装可以加上一件黄色的印花绒布长外套，或者就带一条颜色鲜艳、图案漂亮的大浴巾，在沙滩上休息时披上它，舒适醒目。准备回去的时候，换上有帆船或海浪图案的无袖罩衫，淡黄色短裙，头发用淡黄色缎带扎起或戴上一顶草帽或用头巾裹起，使人显得轻松自然，清爽利落，并具有一股浓浓的异国情调。

约 会

办公室的美眉们忙碌了一天，下班之后经常和三五友人去吃饭喝茶，或者是去见心仪的他，这些重要的约会怎么可以怠慢，搞得拉里邋遢的怎么能见人呢？

那么，什么样的装扮才更具有魅力呢？其实约会时的服饰重在表现气质，而不是表现服饰的本身，只要内心充满了爱，淡雅的着装都会使人显得更加动人，当然这并不是说不需要精心塑造自己的形象。

高腰裙的设计很能给人气质优雅的感觉，白色海军领上衣不会那么沉闷，配上一顶可爱的帽子增加了休闲感，很适合下班之后去约会的装束。

淡紫色的真丝长袖上衣配白色西裤，穿一双淡紫色软皮鞋，再用淡紫色缎带束住长长的秀发；一串紫晶项链和一副象牙白色贝壳状耳环，与你素雅的服装相呼应。你这身打扮去见你的男友，随意中带有飘逸感，显得楚楚动人。另外，你还可带上一个精巧的小背包，准备一块麻质的手帕和一瓶淡雅的香水放在背包里。相信你的恋人会从你随意的每个小动作里感受到你的妩媚和深情。

如果想给恋人一个惊喜，给他留下深刻的印象，可以选择另一种装扮方法。平时多穿柔软细腻、贴身得体的精美服装，但在约会时却穿上粗型面料做成的粗线条服装，在粗犷中展示纤巧，更能体现出个人的娇俏。如一件粗花呢西服，里面穿上紧身的红毛衣，下面穿紧身深褐色西裤，用一块丝质手帕束起长发。这种装扮与女性的温柔热情结合，一定会令恋人对你投去惊喜的目光。

散步、逛街

在夏日微风习习的夜晚，独自一人去河边散步，在浓密的树荫下听唧唧虫鸣、呱呱蛙声，望着满天星斗，别具一番情趣，使人忘记尘世间一切嘈杂与烦恼。

夏天的夜是温柔的，个人的衣着格调也要与环境相吻合，这样你的整个身心都会融入迷人的夜色中，去寻找那超脱尘世的梦幻感。典型的紫色很适合这样的环境，一身浅紫与深紫色相间的薄料衣裙，既能配合夜色，又能体现出个人所追求的心境。把头发梳成两个小辫，不须编起来，只用两条白色缎带缠好。轻轻的晚风吹拂着衣裙，像一双温柔的手抚摸你偶尔飘起的发梢，把人带入美妙的神仙世界。

在秋天散步时，穿一件藕荷色羊毛套裙会将淡雅秀丽的风格显露无遗，不妨穿上这一套服装在金秋十月的夜晚去享受人生。因为藕成熟于秋季，人们常把淡淡紫色接近白色的藕荷色称为“秋色”。秋日树林的色调多是黄色和绿色，与这身藕荷色紧身长套裙并不显得冲突，你这样的穿着倒显得婀娜多姿，自成一派。此外，还可以戴上一条蓝白相间的薄薄围巾，穿上一双浅蓝色平底布鞋。在散发出淡淡清香的树林里，你会沉醉在花香中，忘了烦恼。

喜爱逛街几乎可以说是女人的天性，要想在逛街时显得与众不同，吸引更多行人的目光，就得出奇制胜，当然不一定要去赶时髦，只需在简单平凡的服饰上创出新意，融入自己的风格即可。

在逛街时可以这样装扮：一件淡紫色的棒针衫，全身都打普通的上针，就在下摆几寸的地方按一定距离打一排辫子，呈阶梯状排列，错落有致，直线与斜线的巧妙组合，很富有灵感。随便戴上一条白围巾，穿一条深色宽松裤，胸前挂上一串长长的珠链，披着一头长发，这种装扮清纯而富有灵气，一定会在熙熙攘攘的人群中脱颖而出。

周末、节日

在属于个人时间的周末里，无论是呆在家里，还是外出，在着装方面都可以穿得轻松活泼，以消除一周工作的紧张和疲劳，改变疲惫的心情，恢复本来的精神面貌。

为了使心情变得轻松愉快，可以穿上一件针织面料的纯白色中长袖直身裙，袖口和下摆处收螺纹口，显得松紧有致；腰部下面左右各缝一个大口袋，裙长约在膝上6.5～10厘米处。这种款式的裙子令身材娇小的女性显得玲珑可爱，身材高挑的女性显得更苗条秀丽，若在胸前戴上一个精致的蝶形胸花，你就会像一只轻盈的白蝴蝶，不仅自己感觉轻松纯洁，周围的人也会感到清丽可人。

中国有许多节日，例如传统的春节、元宵节、中秋节、国庆节，西方

的圣诞节、情人节等，在这些节日里，女士们的装扮应当注意区分东西方两种不同性质的节日。因为西方节日多以晚会的形式庆祝，服装一定要讲究；东方节日一般以家庭聚会来庆贺，因而服饰打扮可以随意些。

在圣诞节，个人的着装更多地体现的是一种文化的素养，穿一身暗黄与黑色格子的套裙，束一条比较鲜艳的黄色腰带，外面披上一件暗黄色的长大衣，再戴上与皮带颜色相似的帽子和首饰，穿上暗色羊毛长统袜，黑色的短靴，是一身比较合适的打扮。此外，若是与丈夫或恋人同行，应考虑在服饰上做些呼应，可以用同色同料交错搭配。如用你主色的零料做成他的领结或胸花；或者你的围巾或帽子采用他衣服的主色等，不但可以显示出你们关系的亲密无间，而且整体上看也十分和谐。同时，还要注意气质与风度，谈吐要落落大方，待人接物不卑不亢，要热情真诚，彬彬有礼，体现你的教养学识。

过以家庭聚会为主要形式的东方节日，个人的着装可以随意些，以舒适为原则，保持日常生活衣着，让家人感到温馨随和，达到放松心情的目的。穿一件圆领白底小暗花的上衣，领围还可有一些镂空的蕾丝花边；下面配一条中级蓝色八片大摆裙，裙摆上绣上一串淡褐色的小花；可以在外面披一件浅灰色披肩，戴一副宝蓝色耳饰。这种装扮不但显得亲切温和，而且还具有鲜明的个性。

野营、乡居

习惯了大都市的喧闹，人们越来越喜欢在假日中去远离喧嚣的地方野炊、野营或到童年住过的乡村里小住几日。

野营或野炊是一个很有浪漫情调的活动，你的穿着也应该浪漫些；不过要注意适合野外活动，因而质料不要太细致，可以在服饰的其他方面多动些脑筋。譬如穿一件粗布衣裤就很好，一件棉布花格上衣，一条土黄色粗布背带裤，不怕粘灰带泥，颇具洒脱的风采，丝毫不比华装丽服逊色，而且更适合野外的环境。假如穿一件华丽精致的服装去野营，你会因为怕弄脏弄破它而小心翼翼，缩手缩脚，那就达不到放松自己的目的了。

潺潺的小河、古朴的矮房与山野的空气不适合绚丽夺目的时装，因此你去乡间小住时，应该脱下艳丽时装，回归古朴、自然的本色。

你不如用蓝底白花的蜡染布做一套山村少女装，一定会很有风味的。上衣可以是一件宽宽的罩衫，无袖、无肩、无褶，就像一个大方块；裤子及膝，也是宽宽的，就像两个小方块。传统工艺与现代设计巧妙地结合在一起，透出浓厚的田园气息。你可以将头发编成两个小辫，用蓝色丝带缠起来，你走在乡间的小路上，会有返璞归真的感觉。

酒吧、歌厅

随着时代的发展，酒吧、歌厅等娱乐场所受到人们的青睐，它们的出现，不仅给人们繁忙的生活增添了乐趣，也消除了人们工作后的疲劳，使人得到彻底放松。

为了和酒吧与歌厅的柔和灯光、安静的环境相适应，个人的衣着以雅致为宜。太鲜艳的颜色显得不合气氛，因为它给人的感觉过于热烈奔放；颜色太冷，又让人觉得你缺乏热情。为了把握好这个度，最好采用绿色作为主色，它具有温雅的特性，很适合娓娓交谈的气氛。

绿豆色带白点的长袖直身裙，从腰围线到臀围线均打细细的褶子；加上一条同色的围巾长长地垂在后

背上，下端打一个结；戴一顶浅咖啡色无边时装帽；脚穿一双褐色中跟鞋。如果夜里还有些寒意，可在外面穿一件墨绿色风衣。近似的色调使整体显得和谐，稍有的一点色彩变化更见风雅。

在这独特的装扮和气氛下，相信个人的心情一定相当好。温和的灯光，若有若无的音乐，苦中有甜的咖啡会越来越浓。

六、不同职场定位的着装

着装需随着场合的变化而变化，在不同的职场也应穿不同风格的服装。要知道，专业感的上班服饰即是迈向成功的服饰。

虽然每个人工作的职场不同，服饰穿着的潜规则不同，但是依据不同职场定位的专业感觉却是相同的。每个人只要在自己的衣橱里配备与职场相适应的服饰，个人上班时的外观形象就会带有专业人士的印记，从而也会给他人留下良好的印象。

保守职场

对于上班族来说，职业不同，着装的风格亦不同。国际上将政府公务人员、法律界、金融界人士及企事业界的高端管理层划分在保守职场人士的范畴，因为他们在国家及社会中担任着重要职务，他们的形象不仅代表着个人的形象，更代表着国家或社会的整体形象，因此，他们的着装应体现出权威性、信任度及缜密感。

在保守职场工作的人员如果穿非职业化的服装就会显示出对公司的不尊重，也会给人留下缺乏职业感和可靠性的印象。

着装简捷、严谨、端庄是保守职场人士服饰的最基本要求，在西方国家中，保守职场的人士从周一到周五都穿着正统的职业服装，如男士穿西装，女士穿职业套装。

保守职场的男士应准备以下服饰：

◎ 至少三套正式的西装，面料最好是适合四季穿着，颜色以深蓝、蓝色带细暗纹、灰、深灰、黑色为主。

◎ 至少一件休闲运动外套，颜色最好是黑色。

◎ 一条深色的法兰绒或者一条卡其布装。

◎ 四到六件白色或浅色衬衫，颜色和图案不要相同，最好每件都配有袖口搭链。

◎ 长袖休闲衬衣两件，一件有图案，一件是白色棉布。

◎ V 字领、开领毛衣各一件。

◎ 风衣、大衣各准备一到两件。

◎ 饰物(手表、袖口搭链、五条图案不同的领带、正式职业皮鞋二到三双,正式和休闲的腰带、背带、时髦的皮鞋、休闲皮鞋和皮的公文包)。

工作在保守职场的女士应该依据自己的工作性质、职务高低、个性特征、身材条件、肤色特征等综合因素,找准自己的形象定位,从而让服饰最好地突现智慧女性的内在文化涵养和优雅职业风范。

保守职场的女士应准备以下服饰:

◎ 套装(有领或无领款式职业套装四到六套,建议都选择四季通用的面料)。颜色以黑色、深蓝色、灰蓝色、中灰色、驼褐色、灰褐色、深灰色、暗红色为主。这些色彩容易相互搭配,且具有权威性和信任度。

◎ 短袖套装,每套套装的下装各配一件或两件裙装和裤装(下装比较容易磨损)。其余的工作时间里,可以将上下装的颜色分别搭配来穿。

◎ 休闲上衣(一件深色的运动衫,一个两件套)。

◎ 纯棉、丝绸面料白色、浅色的格子、条纹、圆点有领或无领衬衫(准备四到六件,其中包括两到三件纯棉的白色衬衫、一二件样式保守、质地考究的衬衫,另外再准备一件有一些时尚感觉的款式)。

◎ 休闲衬衣(用绸布料制成的,其他款式、色彩、图案的长袖衬衫),可在平常时段选择穿着。

◎ 针织、莱卡、丝毛混纺质地的高领衫、圆领衫、V 领衫(三到五件)。

◎ 丝绸、针织小背心(六到八件)。

◎ 中间色调、浅色调的短袖夏季套装(三到四套)。

◎ 职业连衣裙(二到三件)。

◎ 深色调、中间色调、浅色调短裙、中长裙(二到四条)。

◎ 深色调、中间色调的混纺毛料直筒裤(四到六条)。

◎ 毛衣(一件紧领)。

◎ 短款、中长款风衣、大衣各一到二件。

◎ 裙子(一件纯色的紧身服搭配一件西装上衣)。

◎ 饰物(手表、耳环、珍珠、金或银项链、袖口搭链、围巾、皮带、皮手袋和皮的公文包)。

◎ 浅口皮鞋(至少准备三到四双)、短筒、中长筒皮靴(一到二双)。以中跟、坡跟、平跟职业皮鞋为最佳,可依据自己的身材高度和喜好来选择款式。鞋的颜色应以黑色、暗灰蓝色、深棕褐色、暗灰驼色为首选,这些都是最能方便地搭配正式服装、半正式服装的颜色。

时尚锦囊

在最正式的工作状态中,女性一定要穿全身同色的裙套装出席,裙套装比裤套装显得更为正式。

其他适合在庆典时段穿着的暗酒红、大红、樱红、灰珊瑚红等色彩的服装不要计算在三套职业服装之中。

创意职场

创意职场包括文化产业界、各类媒体业界、广告业界、一般的教育界及商业、企事业界等,在创意职场工作的人士,着装应突显出其文化、艺术及创意感觉。一般工作时段中,服饰风格以职业加休闲的状态为主。

创意职场人士的着装看似简单,但是如何依据自己的职业、个性、外形条件定位,甚至要考虑到季节、出席时间、场合及事由等因素,使自身形象与其和谐，实际上更具挑战性。

创意职场男士除准备两套接近保守职场穿着风格的正式服装，以应对重要场合的穿着外，在一般工作时段中可以将正式的服饰与其他非正式的服饰互相搭配。

便西服与休闲服饰的组合

◎ 在便西服里面穿 V 领的套头毛衣、毛背心，里面穿扣领的纯棉衬衫、牛津纺衬衫。

◎ 下装选择便西裤、卡其布裤、牛仔布裤、法兰绒的裤装作搭配，这种穿着方式也一定要敞开西服，需要系西服扣的正式穿着不适合做这样的搭配。

◎ 在寒冷的季节里，西服外面可以选择被西方称为马球外套的羊毛大衣（双排扣、腰部有带子的款式），年轻男士穿上既时尚又带些复古的味道。

◎ 可根据自己身材的比例条件，在西服外穿中长款、长款的风衣，穿着时将风衣的领子后部竖起来。

◎ 在半正式场合、非正式场合中，西服外可以套穿大衣，但在进入室内后就要先挂起来，不适合继续穿着。

◎ 在西服里面配高领的羊绒衫、圆领衫、针织衫时，最好不系西服的扣子，敞开穿。

这样的服饰搭配更显男士的潇洒气质。

夹克和其他服饰的组合

◎ 夹克内配马球衫更能体现男士的干练、帅气（针织衫带有翻领，领下有 2～3 粒扣子的款式称马球衫，分长短袖款式，长袖款式的马球衫比短袖款式的看上去会更正式一些）。

◎ 夹克里面穿羊绒、纯棉针织的高领衫、圆领衫、V 领衫。

◎ 下装穿着牛仔裤、卡其布裤，配上厚底、缝线、磨砂质地的鞋或高档胶底帆布鞋。

这些简约风格的服饰组合更会增添年轻男士的无限活力。

带风帽夹克、短大衣的组合

◎ 带风帽的夹克或短大衣的款式搭配长、短的高领、圆领、V 领 T 恤衫、马球衫、羊绒衫等服装。

◎ 下装可选择粗条灯芯绒裤、法兰绒裤、卡其布裤或牛仔裤作为搭配。

◎ 脚上可穿磨砂、厚底系带鞋，运动鞋，帆布鞋，甚至可以光脚穿皮制的漫步鞋。

这样的组合一定会将年轻人阳光、健康的精神状态张扬出来。

创意职场的女士应准备以下服饰

◎ 职业套装（内配羊绒、莱卡、针织及真丝面料的内衫）。

◎ 西服（三件套装，短上装，裙装，长裤和直筒裙）。

◎ 短上装（一件深色运动上衣，一件带图案的上装配西裤和裙子）。

◎ 长裤（华达呢、牛仔裤、卡其布裤和高腰裤各一条）。

◎ 外套（一件丝绸，一件全白棉，一件丝绸披肩）。

◎ 便装衬衫（一件长袖粗棉，一件白 T 恤衫）。

◎ 羊毛衫（高领衫和配套的羊毛背心）。

◎ 佩饰（经典腕表、耳环、胸针、别针、一条椭圆形和一条方形围巾、皮带、平底鞋、皮手袋、皮背包）。

温馨提示

世界美学的核心理论都谈到:审美的最高境界即和谐。如果服饰的感觉不适合自身的特定条件,再时髦的款式、再流行的风格也坚决不能选择。每位朋友都拥有自己不同的体态优势和遗憾之处,扬长避短是针对自身的原始条件而言的。

英国一位美学家曾经说过:只有符合比例的,才是和谐的。人们在选择着装之前,一定要依据自己身体的条件特征,才可以达到得体穿着的境界。

随意职场

随意职场包括 SOHO 族、研发人员等。

需要说明的是,随意职场并非随便。在随意职场中,有些人在服饰表达上可能会出现更多的失误。我们经常会看到某些随意职场人士的穿着像刚从舞会中回来,有的像刚度假回来。而有的则穿得过于传统、保守、缺乏想象力。其实,看似好像选择余地大的随意职场,在穿衣的学问上更具挑战性。

随意职场的男士应准备以下服饰

◎ 休闲式西服上装(浅色的纯棉、亚麻西服或者粗花呢、灯芯绒等)和牛仔衬衫(带活动衣领,剪裁式样要和公务衬衫一样)搭配。

◎ 短上装(一件运动衫或运动夹克衫)。

◎ 长裤(毛华达呢、法兰绒、灯芯绒、卡其布、牛仔裤各一条)。

◎ 衬衫(薄条纹布、粗棉布、灯芯绒、带图案按扣各一件)。

◎ 圆领衫(长袖和短袖纯棉各一件)。

◎ 鸡心领单色 T 恤衫(至少两件)。

◎ 毛衣(一件 V 字领,一件开领)。

◎ 佩饰(运动手表,五条图案不同的领带、正式和休闲的腰带、背带、皮带、时髦的皮鞋、休闲皮鞋和皮的公文包、皮背包等)。

随意职场的女士应准备以下服饰

随意职场女士的着装最好以职业感觉——创意感觉——个性感觉——时尚感觉这一顺序来表达,使其符合自己具体的职业定位。

◎ 职业套装(至少准备一到二套)。

◎ 短上装(一件深色运动上衣或粗花呢上装,一套两件套)。

◎ 衬衫(两件纯棉,其中一件白色;两件丝质;一件粗棉或条纹布;两件单色圆领 T 恤衫)。

◎ 白色衬衫(至少准备两或三件纯棉质地的)。这属于万能配的服装,可以和职业套装搭配,也可以和牛仔裤搭配,还可以和便装外衣、夹克衫、毛衣外套、带帽衫、毛背心、小马甲等许多服饰做组合。

◎ 运动外套、带风帽和不带风帽的针织夹克衫、卡其布夹克、亚麻便西服、薄呢外衣、法兰绒外套的里面可以搭配圆领、V 领、高领的针织衫、马球衫、T 恤衫、羊绒衫等服装。

◎ 毛衣外套、毛背心、小马甲里面配穿绸质衬衫、纯棉衬衫。

◎ 长裤(传统长裤、卡其布裤、牛仔裤、法兰绒裤和针织裤各一条)。

◎ 及脚踝的长裙(纯棉、麻质、皱棉、绸料、人造棉等)、中长裙、短裙、裙裤、背带裙、直筒裙(纯棉、卡其布、呢料、牛仔布),都可以和上面提到的所有上装搭配。

◎ 佩饰(运动手表、一条正方形和一条长方形围巾、皮带、平跟皮鞋、皮手袋、皮背包等)。

时尚锦囊

随意职场最时髦的装束可以是一件深蓝色的运动服加灰色的法兰绒裤子,再配套头毛衣。虽然这一装束男女都适合,但是女士还可以穿两件套的套装,下配裤子。

如果你非常喜欢穿卡其布装的话,那么男士可以配一件夹克衫、一件牛津布的衬衣和毛衣;而女士可能希望穿质地粗糙一点的衬衣而不是丝绸衬衣,而且不必配毛衣。

七、服装及饰物的保养

每个人都希望衣服永远都像刚买回来时一样美丽，其实这并不是天方夜谭，只要能够掌握服饰保养的诀窍，就可以让你天天看来都像穿新衣服般漂亮。

衣服的寿命长短与正确适当的保养有很大的关系，这也是为何同样一件衣服，有的人可以穿好几年，看起来依然如新，而有的人却只能穿个一二季就不得不淘汰。想要永保衣物的最佳状态，细心是不可缺少的条件，衣物就跟肌肤般一样重要。

如何布置衣橱

布置衣橱要根据个人衣橱的大小来决定，为了便于寻找衣物，在布置衣橱时应遵循以下几个原则：

不要将衣物塞满衣橱，最理想的做法是使空气能够在衣物周围流通（将衣柜抽屉用纸铺上以防衣物接触到木头中的有害酸性物质，同时也防止衣物被木头碎片钩破。在抽屉或架子上堆放衣物时，要将轻薄的衣服放在厚重的衣服上面，以防压皱），将橱门半开也会有作用。如果你的衣橱很大，衣物应做季节性的轮换，将过季不用的衣物放在后面。

将衣物分类放置（裤子、上衣、西装、衬衫等等），以便于寻找。

过季衣物要洗净之后再存放（否则时间一长，原来看不见的污渍会发生氧化作用，在存放过程中会变成永久性的污渍）。

挂上衣的衣架应是能填满整个肩部宽度的厚重木制衣架或塑料衣架。金属丝的衣架时间长了会损坏垫肩，还会在薄织物上留下难以弄平的皱痕。比较厚实的衣架，由于大小的缘故，可以使衣物之间保持较大的间隔，这样就减少了由于挤压而起皱的可能性。

将衣服最上面的几颗纽扣扣上，使衣服在衣架上保持平整。

针织衣物要叠起来存放，不能挂在衣架上，否则会变形。

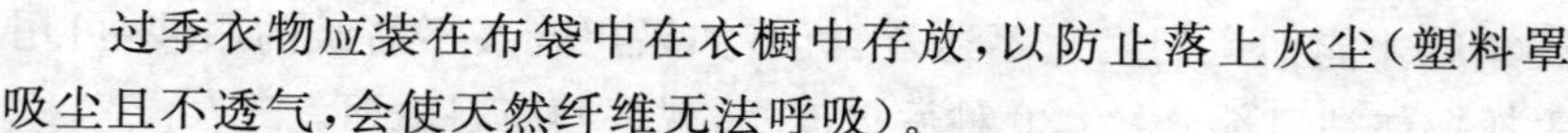

过季衣物应装在布袋中在衣橱中存放，以防止落上灰尘（塑料罩吸尘且不透气，会使天然纤维无法呼吸）。

可将几件西服挂在一个衣架上，这样既省时间又省空间。

将裤子抽去腰带，沿裤线折起，裤子翻边向上倒着悬挂。

使用雪松衣架或烟叶可以将衣蛾驱出衣橱和抽屉，并使它们远离它们喜欢饱餐的天然纤维。如果你有专门存放过季衣物的衣橱，可以使用樟脑丸或防蛀袋（它是一种具有熏衣草香味的小香袋）能驱走衣蛾。

比较好的鞋中要放入鞋楦。为使鞋子不落上灰尘，可以放在原来的鞋盒中。在鞋盒上贴上一张鞋子的照片或写上鞋子的特征，这样就可以很容易地找到你要找的鞋子。

将皮带的搭扣处向上，挂在皮带架或挂钩上。

领带应挂在杆形架或旋转式领带架上。

如果条件允许的话，市面上琳琅满目的珠宝盒与饰品收纳盒也是收藏饰品很方便的选择。

衣物的保养

不论在选购、清理、收纳各方面，照料衣物都有一定的诀窍，只要细心留意标签上的说明，掌握以下保养衣物的每个步骤，相信常保衣物如新，延长衣服的寿命不是件难事，但凡事都要持之以恒，小心地照料与呵护，才能使你的宝贝衣物处在“绝佳状态”！

◎ 购买衣物前

在购买衣物前应先做好这些工作：

先留意标签上的洗涤方式与布料材质，其标示是否交代清楚完整；仔细查看布料接缝处有无杂乱线头或是脱线情形，其次注意布面上是否有勾损或脏污现象；不论是购买外套、裤子等，最好都要试穿，试穿后才能知道到底适不适合自己；如果想购买不易皱的服装，可用手抓捏住袖口部分，约30秒后再放开，观察其布料表面。

◎ 购买衣物后

购买衣物后要注意做好这些工作：

整理刚购置的服装时，要先将标签与备扣取下放妥（最好将标签与备扣集中收纳，若怕混淆，可在标签上注明此件衣物特征），并剪除多余的线头或影响穿着的布标；了解衣物的正确洗涤方式（诸如干洗或水洗），以及清洗干净后的熨烫处理方式。

每次清洗处理过后，应检查服装上的纽扣是否依然牢固，若有松脱现象要立即缝妥。

◎ 洗衣时

正确的洗衣方法可以使衣服自然耀眼，颜色鲜亮，反之，就可能收到完全相反的效果。

在洗衣服前，应将要洗的衣服进行分类，分类方法有：按颜色分类，将白色衣物从其他颜色的衣物中挑出来，把浅颜色衣物同深颜色衣物分开。将需要轻揉洗涤的柔软衣物同厚重衣物分开，为进一步保护柔软衣物，可将它们放在网眼洗衣袋中洗涤。将很脏的衣物同不太脏的衣物分开洗，因为一件衣物上的污渍会弄脏其他的衣物。要取得最佳洗衣效果，洗衣之前的步骤应按一定顺序进行。首先，选择洗衣水流并根据洗衣量确定水位。然后将一定量的洗衣粉加入正在注水的洗衣机里。注满水后，将衣物放入洗衣机。要注意不要超量，否则衣物洗不干净，而且还会起皱起球。漂白剂应在洗衣开始之后5分钟加入（或按标签说明进行，尤其是在使用对衣物会造成损害的含氯漂白剂时）。

掌握洗衣水的水温也很重要，一般来说，要根据衣物上的使用须知标签来确定水温。通常要遵循以下这些简单的规则：热水（54～66摄氏度）最适合洗涤白色、不褪色的、很脏的衣物和有油渍的衣物。一

般说来，水越热，洗衣粉的功效就越大。温水（38～43 摄氏度）适合洗涤耐久定型衣物，含 100%合成纤维的衣物、天然纤维与合成纤维的混合织物和中等脏度的衣物。冷水（27～32 摄氏度）会防止深色或鲜艳颜色的衣物掉色（只要是不褪色的衣物），并减轻可洗涤的毛料衣服的缩水程度。冷水也适合洗涤不太脏的衣物和有血渍、酒渍和咖啡渍的衣物，这些污渍遇热水或温水会凝固。

除此之外，在洗衣服时，还应注意以下几个方面：

如果是属于价值昂贵的高级服装，最好送交洗衣店做干洗处理，可以让衣服维持良好的状态。

洗衣物前，要记得仔细检查每个口袋，确定口袋内没有任何东西，才能开始进行清洗；洗涤时应将衣物翻成反面后再加以清洗，且浸泡时间不宜过久，以免衣服褪色变形；新衣服每一次下水洗涤时，若无法确定是否会褪色时，可以在水里面加一点醋浸泡一下，以防止衣服褪色；一些附有蕾丝或刺绣的衣服，以及怕过度搓揉的衣服，若无法避免用洗衣机洗涤，一定都要先用洗衣袋装好。

在洗涤褪色衣物时，应将颜色相近的衣物放在一起在冷水中洗涤。即使是不褪色的衣物，深色或鲜艳的颜色，尤其是红色、紫色和蓝色在最初的四五次洗涤中，织物表面染料的残留物会掉色也是很正常的。要测试染料是否褪色，可用水弄湿衣物的一角，并用一块白布在湿处摩擦。

◎ 晾衣时

有些衣服的吸水性较强，又不适合用机器脱水，因此在晾晒前，不妨先用大浴巾将水分尽量吸干，再以平放的方式晾干。

晾挂衣服时，随手轻轻地把衣服拉平顺，待干后，衣服的皱褶会减少许多。

易褪色、毛料或丝质的衣服，请勿在阳光底下晾晒，应晾在阴凉通风处，使其风干比较好。

毛、丝与尼龙材质的衣服要避免用烘衣机烘干，才不会破坏衣服原来的光泽与弹性。

◎ 熨烫时

在熨衣之前，应做如下准备工作：

要留意衣服标签上的熨烫指示，不同材质的衣服，需要用不同的熨烫温度，才能达到最好的熨烫效果。

根据要熨烫的织物的不同，设定不同的温度。这一步骤是很关键的，因为不同织物耐热程度不同。要选择能将衣物熨好的最低温度。

将水注入熨斗，任何衣物都不能干透了再熨，水分可以防止衣物被熨焦和出现其他和热量有关的事故。除了使用熨斗的蒸汽使衣物潮湿之外，还可以在衣物还未全干的时候熨烫（或用喷壶的水将衣服弄潮湿）或者喷少许的淀粉浆。这种方法特别适用于天然纤维、人造丝。

当你使用电熨斗时，准备一块熨衣布放在熨斗和容易发亮的衣物之间，比如毛料和真丝衣物。为了解决因温度不当而造成衣物被熨焦的问题，也可选用底板材料为铝的熨斗或者将熨斗套上一个织物做成的拖鞋状的套子，这种套子在缝纫用品商店有售。

熨烫时要注意：

买一个外层不粘，水位显示清楚的蒸汽熨斗，而且越重越好。熨衣板应当有一定厚度的衬垫和棉帆布的外罩；金属的外罩会使热量反弹，损伤娇嫩的织物。

需要烫出褶线的衣服，如裤子、百褶裙等，可以先用夹子固定好褶线位置，就不用担心烫不准了。

遇到扣子或有立体装饰物（如小珠子）的部分，可以用一块厚布垫在衣服下，并将衣服反过来烫。

有衬里的衣服，烫完后别忘了衬里的部分也要烫一烫，穿起来时才不会影响外观。

不管是哪种材质的绒面衣服，都应该避免与熨斗直接接触，应使用蒸汽熨斗，并与衣服保持一定距离。

温馨提示

◇ 避免熨烫脏的或有污渍的部位，热量会使污渍凝固。

◇ 应熨烫织物的反面，以防止褪色。

◇ 不要用力熨烫衣服的底边和其他褶痕，因为这样会在织物的正面形成凹痕。为安全起见，可用熨衣布或潮湿的浴巾衬垫。

◇ 每次喷水不能过多，必要时可再喷。

◇ 为最有效地使用熨斗，要用熨斗尖端部分熨烫难以深入的部位，比如衬衫背部的褶子。

◇ 熨衣时不要从明显的部位开始，如衬衫的前襟。应从不明显的部位开始，如后襟的下摆以试验熨斗的温度。

◇ 如果你一次熨烫多件衣物，要先熨需热量设定比较低的衣物，然后逐渐根据衣物的不同提高熨斗的温度。这样就不太可能不小心将熨衣温度设定得过高。

◎ 整理衣物时

家中应购买基本的衣物收纳柜，将衣服按照季节、或是款式来分门别类放置，并放置干燥剂与防虫剂。

昂贵的高级衣物应该在清洗处理后，用防灰尘、防湿气的保护套加以保存吊挂。

每一次穿着过后的衣物，若非马上洗涤，或是下回还要再穿，便需要将衣服吊挂于通风处，避免淤积污浊气味。

温馨提示

清洗衣物，除了使用一般洗衣剂外，还可以适量加入衣物柔软精，其具有减少衣物纤维因洗衣机搅动而造成的起毛球、避免衣物产生静电、增加柔软滑嫩的效果等功能。以下几类衣物应采用干洗的方法：

◇ 有镶边、衬里和垫肩使衣服内部构架保持不变的服装。

◇ 所有有色真丝服装（它们常常是用易褪色的植物染料染成的）

和毛料服装，除非标签上特别标明可用水洗。

◇ 有比较精致的装饰品的服装，即使服装本身的面料是可机洗的。

◇ 任何需要专业熨烫的衣服。当然你也可以自己洗，然后送到干洗店去熨烫。

鞋子的保养

每个人都希望穿着崭新的鞋子出现在人们的面前，其实即使是旧鞋，如果经过合理的保养也会像新鞋一样充满光泽。

◎ 穿鞋前

在穿新鞋前，在皮鞋的底部加上薄薄的橡胶保护底。橡胶底能增加摩擦力并防止水渗透鞋帮。从而将鞋底寿命延长3倍。

如果鞋尖和鞋跟特别容易磨损，钉上塑料保护层，可以延长鞋子的寿命。

在穿着使用之前，要在所有的新鞋上涂上一层膏状或霜状的上光剂起保护层的作用，并使用非硅氧烷的防水产品（避免使用硅氧烷和水貂油，它们会使皮革颜色变深，影响其透气性）。一旦发现水在皮革表面不能结成水珠，立即重涂防水剂。

◎ 穿鞋时

穿鞋的时候要用鞋拔，它可以使鞋后帮（衬里和鞋帮之间的皮革支撑物）保持牢固。

脱鞋时要解开鞋带和搭扣以防止鞋被拉抻变形。

每隔一个月用膏状或液体的护理剂护理光滑的皮革，使其保持良好的柔韧性，防止出现断裂和擦伤。

旅行的时候，将鞋放在仿鹿皮的口袋或旧袜子里，可以保护鞋子。

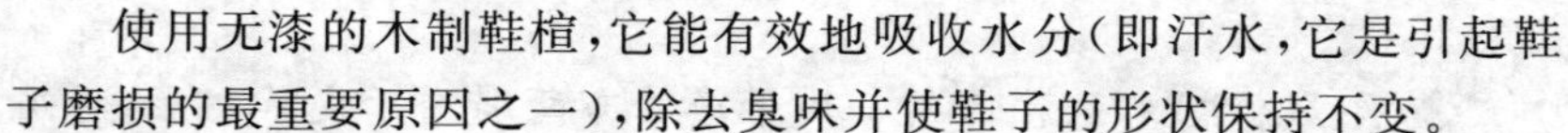

使用无漆的木制鞋楦，它能有效地吸收水分（即汗水，它是引起鞋子磨损的最重要原因之一），除去臭味并使鞋子的形状保持不变。

◎ 清洁时

鞋子的材质不同，清洁的方法亦不同。因绒面革鞋不是很容易清洁，所以在此特别介绍一下。

绒面革是通过把皮革表面擦起毛，使其具有天鹅绒般的表面的一种皮革。绒面革柔软且较薄，因此不如普通皮革耐穿。

绒面革鞋的保养方法是：

用绒面革石或擦除器擦掉污渍，然后用绒面革刷刷去灰尘（这些用品在修鞋店或卖鞋护理用品的地方能够买到）。

先试一下鞋是否褪色，然后用半湿的海绵蘸专门的绒面革清洗剂清洗鞋面。将鞋楦放入鞋内，晾上一夜。第二天，轻轻刷鞋，使绒毛竖起。

可以用蒸汽和绒面革刷清除污渍，使其恢复原来的颜色。即先将磨损了的鞋放在一锅开水之上使绒面革的绒毛竖起，然后，将其拿下来，用刷子刷失去光泽的皮革表面。如果面上有污渍，可用滑石粉将其吸收。让滑石粉在污渍上停留一夜，再用绒面革刷子使绒毛竖起。

温馨提示

◇ 绒面革要经常刷，因为它的绒容易变平，吸灰。最好用专门的绒面革刷，也可以用牙刷代替。

◇ 皮革本身虽然具有一定的防水性能，但如果不小心踏入水坑或雪堆，皮鞋还是需要做一些特殊处理的。对绒面革来讲尤其如此，因为它一旦湿透，就会永远地失去柔韧性。因此应当养成鞋子一旦弄湿便马上处理的习惯。

◇ 将湿鞋在室温中晾干，不要将其放在散热器、火或暖气附近，过高的温度会使皮革干透，出现裂纹。

◇ 趁着鞋潮湿的时候，塞入鞋楦或报纸，以吸收水分，防止鞋尖上翘。

◇ 要去除盐性污渍，可用一块干净的布蘸醋涂于皮革之上，再用一块干净的湿布擦拭或者用专门去除盐性污渍的产品擦拭。

使旧皮鞋恢复光泽的方法：

◇ 用湿布蘸皮革皂清洗表面，再拿一块布用清水蘸湿擦拭表面。

◇ 用柔软的布涂上蜡质的鞋油，涂的时候要转圈涂。有色鞋油能遮盖擦伤和褪色的地方，而无色鞋油能使鞋表面颜色保持不变。

◇ 鞋油干后，用绒布将鞋擦亮。

首饰的保养

不管你的首饰是人造宝石的还是贵重金属的，你都希望它们看起来像新的一样。以下是如何保养首饰的方法。

◎ 金首饰

清洗金首饰可先将其在一小盆温肥皂水中涮洗一下，用旧的软毛牙刷或指甲刷清除尘垢，然后在清水中清洗，再用软布擦干。如定期用上光布擦拭，则可免于清洗。要想消除擦痕，可以到你购买首饰的商店，那里的技师会用超声波清洗剂为你免费清洗擦亮。

◎ 银首饰

可以用银器的上光剂或经过特殊处理的专门用于银器的上光布清洗失去光泽的银首饰。由于皮肤上有油，因此经常佩戴可防止银首饰失去光泽，使其(珍珠也是如此)光亮如新。

◎ 人造珠宝饰物

将人造珠宝饰物放在温肥皂水中清洗，必要的地方可用软毛刷子刷去尘垢。让首饰完全干透以防生锈。

新衣服污渍清理

依照污渍类别的不同，及时进行清洁工作，以免爱衣受损。

新衣服沾上污渍最让人烦恼，清理不当可能使整件衣服损毁，或是留下污渍而不甚美观。以下分成饮食类、化妆品、分泌物、其他四大类别，逐步清楚教你如何处理不同的污渍，让你及时抢救你的爱衣。

◎ 饮食类

A. 酱油、醋、调味料

处理方法及处理程序：先用沾湿的纱布拍击去除，再取肥皂水或衣领净局部浸泡搓洗，最后以漂白剂或增艳剂彻底去污。

B. 咖啡、茶水、果汁（饮料）

处理方法及处理程序：用沾湿的纱布初步拍击去除。用中性清洁剂轻拍后，再以稀释 10 倍的醋酸溶液敲击溶解。旧的污痕可先以稀释 2 倍的甘油液浸溶，再以稀释的醋酸敲击清除。

C. 酒类污渍

处理方法及处理程序：先用沾了温水的纱布轻拍，再取中性清洁剂拍打除污。旧的污痕则必须以稀释 10 倍的醋酸溶液来拍打去除。

D. 口香糖

处理方法及处理程序：先用冰块或冰水使口香糖降低温度，胶质变硬，再用手剥除胶块。或是先涂抹四氯化碳，再以直尺除去。

◎ 化妆品

A. 口红、眉笔

处理方法及处理程序：先不要擦拭。用苯液轻轻拍打后，再以温肥皂水清除。

B. 发油、发蜡

处理方法及处理程序：先以面纸吸取，再用苯或四氯化碳轻轻拍击融除。

C. 香水、密粉

处理方法及处理程序：以手拍除或是用刷子轻刷后，用酒精轻拍，接着取苯液去除油脂，然后用稀释 10 倍的醋酸溶液拍打，再以清水洗涤。

用擦拭的方法清除污渍时，注意要从污渍的外围开始向内擦拭，不要由内而外，以免使污渍的面积越擦越大。

在使用化学清洁剂清洁后，一定要用大量的清水将衣服冲洗干净，以免让化学清洁剂残留，再度伤害到衣服，甚至影响肌肤健康。

◎ 分泌物

A. 血液

处理方法及处理程序：先用纱布沾少许水吸取，再用清水或肥皂水拍打，或以酵素洗洁剂处理。如果是旧污渍，则以阿摩尼亚溶液轻拍去除，白色衣物则用漂白剂漂洗。切记一定要用冷水，热水只会使血迹变得更难去除。

B. 汁渍

处理方法及处理程序：先在温水中加入少许盐，将衣物浸泡一段时间后，再用肥皂水清洗。若汗渍已变黄，则可用稀释 50 倍的氨水或酵素洗洁剂拍打清除；白色衣物则可用漂白处理。

C. 领垢、油垢

处理方法及处理程序：先用衣领净或酵素清洁剂处理后，静置 10 分钟，再用中性洗洁剂与肥皂水加以清洗刷净。

◎ 其他污渍

A. 泥渍

处理方法及处理程序：先晾干勿擦拭。待泥巴污渍风干后，再以刷子轻轻刷掉，最后用洗洁剂清洗干净即可。

B. 墨汁

处理方法及处理程序：先放着勿擦拭。用米饭粒与清洁剂置于墨迹上揉搓，直到墨渍变淡，最后再用清水完全洗净。白色衣物则以漂白剂加强。

C. 铁锈

处理方法及处理程序：用棉花沾柠檬酸或稀草酸溶液，擦拭铁锈处，即可去除锈斑。

D. 钢笔墨水

处理方法及处理程序：先以面纸吸取，再用肥皂水尽可能拍打洗出墨污。白色的服装最好以稀释 50 倍的草酸溶液敲拍后，再拿漂白剂彻底清洗干净。

E. 轻微熨黄

处理方法及处理程序：以过氧化氢浸湿擦拭，再将衣物置于日光下暴晒，也可以将新鲜的柠檬汁滴在熨黄处，晾干后，痕迹就会消失。

F. 霉斑

处理方法及处理程序：先以毛刷轻轻去除表面的霉斑。待表面的霉斑去除后，再以酒精擦拭该处，最后用温肥皂水洗净即可。若为陈年旧斑，可以先泡在稀释过的氨水中，过 20 分钟后再用肥皂水洗净。

G. 花草等植物汁液

处理方法及处理程序：先用冷水稍微冲洗，再以酒精擦拭被沾染的污渍处，就可使叶绿素与酒精一起挥发了。如果沾染到的是枝干流出来的白色汁液，应用稀释 20 倍的氨水浸泡，再用清水冲洗。

衣物整理有窍门

每个人都会买衣服，但不一定每个人都懂得正确整理衣服的方法，因此有时候就会出现面对着满满的衣柜，而找不到穿哪件衣服的尴尬局面，或是将衣柜翻得乱七八糟，浪费了许多时间才找到衣服。

想要有个井然有序的衣橱，就要先聪明地学会如何整理衣物。其实，如果能够掌握整理衣物的要领，小小的衣柜也同样可以拥有大大的容量。

◎ 服装

将衣服依照季节、颜色以及用途分类放置，打开衣柜时才能一目了然，方便取放。

非当季的衣服，可以利用衣物收纳箱来收藏，然后再塞到床底下或衣柜的最上层，以节省衣柜空间。

把衣服放进衣橱时，记得要把厚重或不易起皱褶的衣服摆在最下面，再根据其易皱程度依次往上叠，等下次换季拿出来时，衣服才不会变得皱巴巴。

衣服送洗取回来时，都会套有塑胶套，千万不要丢掉，那可是宝贝衣物的好帮手，可以用来保护一些比较昂贵的衣服。

多利用纸盒或隔板等类似物品来做空间区隔，一区一区分类放清

楚，就可以轻易找到想穿的衣服了。

针织品、具垂直感与柔软的衣服最好采用平放的方式，不要吊挂，这样才不容易因为衣架的形状或地心引力，而导致衣物变形。

毛衣如有垫肩，应由袖子的地方往内折；如果没有垫肩，则可以由肩膀的地方往内折，然后再同样由下往上对折。这样就可以一件件叠起来收藏了。

T 恤的折法大致与毛衣相同，但是对折之后，还要再将它卷起来，这样才可以把胸前的图案露出来，以方便寻找。

裤子在折叠时，要对照原本裤型的线条，然后再从臀部与膝盖处折成三折（因为这两处是裤子最容易打皱的地方，折线看起来不太明显）。

◎ 鞋子

当季不会穿的鞋子，可以先清理干净并干燥后，放进鞋盒内，同时要在盒内摆干燥剂，以防止鞋子发霉。

如果担心用时搞不清楚放在鞋盒内的鞋子，可以替每双鞋子拍照，粘在鞋盒上；或是用粗的签字笔在鞋盒上标明每双鞋的特征、颜色，就很方便寻找了。

不要把鞋子紧密地塞在鞋柜里，这样不但容易变形，也会伤害到鞋子的表面（尤其是皮鞋），最理想的摆放方式，是每双鞋之间隔 3～5 厘米宽。

鞋子穿过后，或多或少都会有些潮湿，所以在收进鞋柜前，最好塞些报纸或除湿剂在鞋内，以维持鞋子的干燥。

将成叠的报纸卷成筒状，放进长统靴里，不但防潮，还可以防止昂贵的靴子变形。

◎ 饰品

买一块软木薄垫，裁成小方块，将不戴的耳环别在上面，找起来就方便多了。

项链与戒指用透明的小夹缝袋一个个分开装好，再放到空的饼干或糖果盒中，好看又容易挑选，而且项链的链子也不易缠绕在一起。

挑一条已经不用的领巾，将其挂在镜子或梳妆台旁边，再把发夹夹在上面，就成为发夹可爱又实用的家了。

出行时衣物打包秘诀

现代人出门旅行的机会相当多，不论目的地为哪里，天数多少，出门前总是免不了打包行李，千万别小看这一个环节，行李打包的完整与否，可是会影响接下来的整个旅游行程。

打包衣物时应先考虑旅游点当地的气候。确定了解气候之后，再以旅行的目的来看。城市与乡村、山区与海边，当然都会有不同的衣物需求。

出门在外，整烫衣服不易，所以携带的衣服最好是以不会起皱褶的为主，例如合成纤维与棉、麻混纺材质的衣物。若实在无法避免，最好将衣服放在行李的上层，并减少折叠，以避免重力挤压产生皱褶。

旅行时，难免会碰上一些正式场合（餐厅、音乐厅等），所以最好要有一件正式的衣服及可搭配的鞋子，以备不时之需，这时候，一件式的洋装是个不错的选择。

毛衣或 T 恤宜采卷筒状收纳与直立式的放法，这样不但可增加行李箱的收纳空间，也可避免衣物遭挤压变形。

外套或套装可放在附衣架的西装套中，以得到较好的保护。

鞋子要用塑胶袋包好，再放入行李箱中，若怕变形的话，可以鞋型固定架固定，或是塞报纸固定。

抵达目的地后，如果衣服已经起皱，可将衣服马上挂起回复平顺，其效果和使用蒸汽熨斗一样。

旅行时的化妆品与洗浴用具，都可以事先用小瓶子分装，再装进同一个包包里，以减少空间并且减轻重量。现在市面上也有许多专为旅行者设计的小包装化妆品与洗浴用具，是相当方便的选择。